無 

ドローンと安全な空社会

航空機

滝本 隆［著］

学校法人 米子自動車学校
トリプル・ウィン・コミュニケーション株式会社［監修］

入

共立出版

まえがき

無人航空機の研究開発は，ドローンの登場によって加速しています．ドローンは，空撮，物流，建物などのインフラ点検，情報通信など様々な分野での活躍が期待されています．人が乗れるものも開発されています．また，一般的な複数のプロペラで飛行するドローン（いわゆるマルチコプター）だけでなく，飛行機のような固定翼機，飛行船，それぞれの組み合わせの機体なども登場しています．さらには，水中ドローン，地上走行ドローンなど飛行しない自律制御されたロボットもドローンとして扱われており，ドローンへの期待はますます大きくなるばかりです．

近年は，世の中のニュースにも「ドローン」が紹介されるようになりました．残念ながら，ドローンに関してはいいニュースだけではないのが現状です．ドローンは飛行するもので，絶対に落ちないという保証はありません．使い方を間違えれば，墜落したり人に怪我をさせてしまうことになるのです．車の運転と同様に，車（ドローン）のことを熟知して，その「安全」な操作方法を十分に習得する必要があるのです．

本書を執筆するにあたって，米子自動車学校から「空の安全教育」のためにドローンに関する教材をまとめたいと要望がありました．皆さんの身近なところでドローンなどの無人航空機が活躍する時代が迫っているのです．そのような背景から，本書は，ドローンが「安全」に活用されるために必要な無人航空機の基礎をまとめています．筆者が教員となって始めたマルチコプターの開発に関する経験も本書に盛り込んでいます．

本書の構成は以下のとおりです．

第1章では無人航空機の定義や種類，活躍が期待されている分野について紹介します．第2章は，マルチコプターの構成要素について解説します．また，無人航空機を飛行させるために必要なものとして，第3章では法律，第4章では気象，第5章では飛行方法について述べます．最後に第6章は，安全な飛行のために気を付けないといけないポイントについて経験をもとに紹介します．

コラムでは，気になるワード等をわかりやすい形でまとめて，読みやすく工夫しました．これからドローンを使って世の中に役立たせようと思っている人たちや安全な運用をしたいと考えている人たちに最適な教本となることを望んでいます．

本書の作成には，多くの方にサポートいただきました．研究の初期から関わってもらった河野達也氏，堀航氏には全体の構成やアドバイスをいただきました．新日本非破壊検査株式会社の和田秀樹氏には，現在開発中のインフラ点検用のドローンの研究開発で様々な情報をいただきました．合同会社 Next Technology の皆さんには，新しいドローン開発や運用面での協力をいただきました．最後に，本書をまとめるにあたって，学校法人米子自動車学校，泉裕司氏には多くのご支援をいただきました．ここに感謝の意を表します．

2018 年 12 月

滝本　隆

目　次

第3章 法律・ルール **45**

第4章 気　象 **63**

第1章

無人航空機の基礎

本章では，ドローンをはじめとする「無人航空機」について解説します．無人航空機とは何か，またその種類や特徴，用途について詳しく説明します．

1.1 無人航空機の定義

無人航空機とは，航空法において，「人が乗ることのできない飛行機，回転翼航空機，滑空機，飛行船であって，遠隔操作または自動操縦により飛行させることができるもの」と定義されています．本書で取り扱うマルチコプター（ドローン），ラジコン飛行機，農薬散布用ヘリコプター等が該当します．

ただし，マルチコプターやラジコン飛行機の中でも，機体重量（機体本体だけでなくバッテリーやカメラ等も含めた重量の合計）が 200 グラム未満のものは，無人航空機ではなく模型航空機として扱われます．したがって，航空法で定められている無人航空機の飛行に関するルールは適用されません．なお，模型航空機であっても空港周辺や一定の高度以上で飛行させるときには国土交通大臣の許可が必要ですので注意しましょう（3.1.1 節を参照）．

コラム

ラジコン機≠ドローン？

ラジコンとは，ラジオコントロール（Radio Control）の略です．つまり無線により遠隔操作するシステムやその遠隔操作方式のことを表しています．無線で「手動」で操縦する機体はラジコン機ということです．ドローン自体はマルチコプターなどの無人航空機を指す言葉です．一般的には，通常のラジコン機と区別するために，自律性を持つ機体（「自動」操縦によって飛行できる機能を備えた機体）をドローンと呼んでいます．厳密にいうと「手動」で操縦するマルチコプターはドローンではなく，「自動」で飛行できるものがドローンなのです．

コラム

おもちゃのドローンはどこで飛行させても大丈夫！？

ホビー用として売られているマルチコプターやラジコン飛行機であっても，200グラムを超えるものは航空法によって「無人航空機」と分類されます．ルールが決められているので，自分の土地だとしても許可なく飛行させることができないこともあります．十分に注意しましょう．

また，200グラム未満であっても，どこでも飛行させてよいわけではありません．公園での飛行や電波法など守らないといけないルールはあります．

1.2 無人航空機の種類と特徴

無人航空機は，大きく固定翼機，回転翼機，飛行船の種類に分けられます．これらは，揚力（機体や翼を上向きに引き上げる力，機体を空中に浮き上がらせる力）の発生に特徴があります．揚力については，2.2 節でも詳しく解説します．それでは，それぞれの特徴について見てみましょう．

1.2.1 固定翼機

固定翼機とは，図 1.1 や図 1.2 のような主翼（全重量を支える揚力を発生させるメインの翼）が機体に対して固定されている航空機のことです．機体が前進することによって揚力を発生させ，飛行することができます．固定翼機のうち，プロペラなどの推進装置を備えるものを飛行機，動力を持たないものをグライダー（滑空機）と言います．

昔からあるラジコン飛行機は，この固定翼機に分類されています．固定翼機は，固定翼によって滑空（動力を使わずに風の力や上昇気流などによって空を飛ぶこと）ができるため，後述の回転翼機よりもエネルギー効率がとてもよいという特徴があります．しかしながら，常に前進しなければならないため，その場でとどまることができないことや操縦が難しいことがデメリットです．

図 **1.1**　固定翼機（ラジコン飛行機）

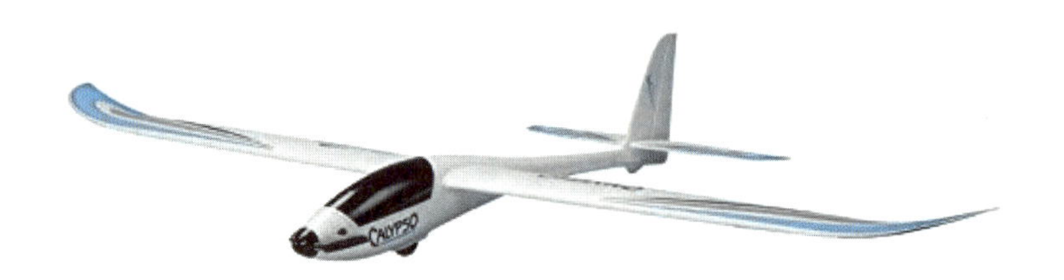

図 1.2　固定翼機（グライダー）

1.2.2　回転翼機

回転翼機は，本書で取り扱うマルチコプター（ドローン）やヘリコプターに代表されるもので，回転する翼によって揚力や推力を発生させ飛行する航空機のことです．なお，回転する翼をローターと呼び，本書ではプロペラとモーターを含めたものをローターと呼ぶことにします．

図 1.3　回転翼機

コラム

ローター？プロペラ？

一般的には，プロペラは，飛行機のように固定翼機に取り付けられているもので，水平方向に推力を出すために用いられています．ローターは，ヘリコプターのように回転翼機の翼そのもので，垂直方向に推力（浮力）を発生させて飛行しています．このように用途で呼び方が違っているのですが，混同して使われているのが現状です．実際，筆者もプロペラと呼んでいます．

一方，ローターの意味としては，回転するものであり，翼（プロペラ）だけでなくモーターを含めることができます．ですので，本書では，プロペラとモーターが一体になったものをローターと呼ぶことにしました．言葉の定義はとても難しいですね．

回転翼機の中でも，ローターが１つのものをシングルローター機，２つのものをタンデムローター機，３つ以上のものをマルチローター機と呼んでいます(図 1.3)．このマルチローター機は，マルチコプター，マルチローターヘリコプター，マルチローターなどと呼ばれることもあり，すべて同じものを示しています（本書ではマルチコプターです)．ローターの数が３つのものをトライコプター，４つのものをクアッドコプター，６つのものをヘキサコプター，８つのものをオクタコプターと呼ぶこともあります．回転翼機は，プロペラで揚力を得るので，その場でとどまる「ホバリング」ができます．また，マルチコプターは，固定翼機やシングルローター機に比べてとても操縦しやすいことから近年とても注目されています．

なぜ，ローターの数が様々な機体があるのでしょうか．一般的に，ローターの数が多ければ多いほど，飛行時の安定性が高くなります．ローターの数が多いほど，重量物を搭載でき，突風に対して強くなります．また，マルチコプターによっては，ローターが故障した時に，他の故障していないローターだけで飛ぶことができる機能が搭載できるようになります．しかしながら，ローターの数が多くなると，機体の重量やサイズが増加してしまいます．長時間飛べなくなったり持ち運びが不便になったりしてしまう可能性があるのです．もちろん，機体の価格やメンテナンス費用も増加してしまうことになりますので，最適な機体を選ぶ必要があります．

コラム

ドローンって

では，「ドローン」とは何を示す言葉なのでしょう．「ドローン」とは，無人航空機を指す言葉で，上記で紹介した無人航空機すべてを含んでいます．さらに，Unmanned Aerial Vehicle（UAV）と呼ばれたり無人飛行ロボットと呼ばれたりもします．

しかしながら，実際には「ドローン」と呼ばれると「マルチコプター」を想像する人がほとんどだと思います．「ドローン＝マルチコプター」と認識されるくらい様々な「マルチコプター」が世に出てきているのが現状です．本書でも「ドローン＝マルチコプター」で進めたいと思います．

また，ドローン（drone）とは，英語で「オスのミツバチ」という意味もあり，ハチのブーンという音がプロペラ機の風切り音に似ていることに由来しているとも言われています．

1.2.3 飛行船

飛行船は，ヘリウムガスなどの空気より比重の小さい気体によって機体を浮揚させ，推進のための動力や舵を取り付けて操縦可能にした航空機です．風に非常に弱いことから，小型化は難しく，数メートルを越える大きさのものが主流です．筆者らは，図 1.4 のようなヘリウムガスバルーンとマルチコプターを組み合わせたハイブリッド型の飛行船を開発しました．全長 2.7m，幅 1.2m，浮力 2.4kg（3200L）のもので，ワンボックスカーに入るサイズに分離できるまで小型化しています．係留ロープを用いて非常時の回収ができるようにしており，風速 5m 以下での空撮を行うことが可能です．

図 **1.4** 飛行船

1.3 無人航空機の活用

それでは，無人航空機はどのようなところでの活用が期待されているのでしょうか．様々な分野での活用について見てみましょう．

1.3.1 放送分野

近年，マルチコプターは，その安定性の高さから映画や CM，報道等の映像コンテンツの撮影に活用されています（図 1.5）．地震等の災害時の情報収集にも用いられています．さらには，支援物資輸送，人命救助等での活用が進められています．

図 **1.5**　放送分野：平昌オリンピック
開会式では撮影でドローンが活躍
［DroneTimes より，https://www.dronetimes.jp/articles/2565］

1.3.2　計測・測量分野

マルチコプターは，すでに測量や点検用途で用いられています．工事現場の空撮映像データから3次元測量データを作成したり，太陽光パネルの点検作業に使用したりしています．今後は，ビルや橋梁等の社会インフラの点検への活用が期待されています．ICT 技術（情報通信技術：Information and Communication Technology）や自動化技術をマルチコプターに搭載して，橋梁点検等を行う実証が実施されています．

図 1.6 は，筆者も開発の協力を行っている新日本非破壊検査株式会社の橋梁点検用の打音・近接目視が可能なインフラ点検用マルチコプターです．有線給

図 **1.6**　測量分野：橋梁点検
［写真提供：新日本非破壊検査株式会社］

電可能なので，長時間飛行させることもできます．橋梁の裏に張り付いて点検できることから，より精細な情報を得ることができます．このような開発が進めば，マルチコプターの活用がさらに広がりますね．

1.3.3　監視・警備分野

セコム株式会社では，巡回警備員の代わりにマルチコプターを活用したサービスを提供しています（図 1.7）．決まった時間に事前に登録したルートをマルチコプターが飛行することで，巡回監視を行います．人による巡回では負担の大きかった屋上などの危険な箇所の監視が容易になり，巡回監視を行う警備員の負担軽減も期待できます．屋外では，GPS を活用した自動飛行が実現していますが，屋内ではまだ課題があるため，研究開発が進んでいます．

図 **1.7**　警備分野：巡回監視ドローン
［写真提供：セコム株式会社］

1.3.4　農業分野

農業分野では，農薬散布の方法として，これまでにラジコンヘリコプター（シングルローター機）が用いられてきました．しかしながら，操縦の難しさや安定性の低さから，マルチコプターへ移行しています．現在，様々な企業が農薬散布用のマルチコプターを販売し始めています（図 1.8）．さらに，マルチコプターを用いた画像取得・解析によって，生育状況を把握する等の活用もなされています．

図 **1.8**　農業分野：農薬散布
［写真提供：株式会社クボタ］

1.3.5　物流分野

高層ビルや離島への物資輸送を目的に，マルチコプターの活用が期待されています．Amazon のドローン配送サービスの計画が実現する日も近いかもしれません．楽天では，ゴルフ場でのゴルフ用品や軽食・飲み物などをマルチコプターで届けるサービスを開始しています（図 1.9）．国土交通省では，早ければ 2018 年度中にマルチコプターを使った荷物配送を可能とすることを目指し，安全確保を前提としつつ事業化に向けた検討を進めています．

図 **1.9**　物流分野：配送サービス
［写真提供：楽天株式会社］

1.3.6　通信分野

マルチコプターを通信の中継局の配置に利用することも進められています（図1.10）．災害時における山岳地区との通信中継や携帯電話中継等の実証実験も実施されています．マルチコプターや飛行船等を活用した無線中継システムが実現できれば，電力や無線局がない地域でも電話が可能となります．

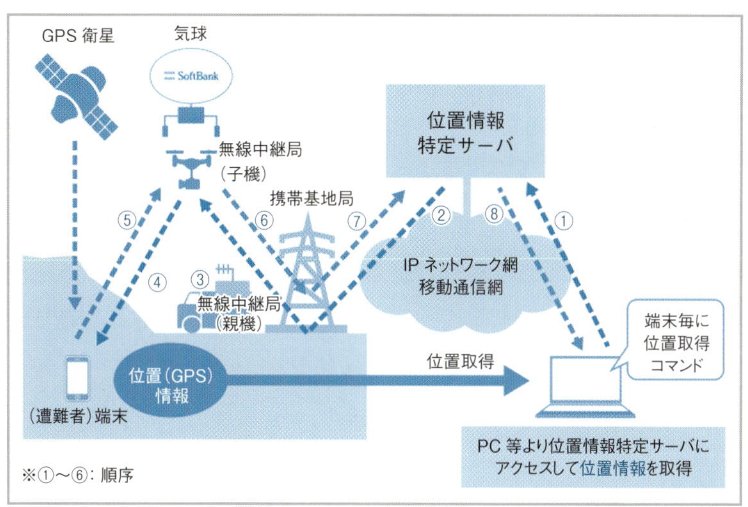

図 **1.10**　通信分野：気球・ドローン無線中継システム

［ソフトバンクプレスリリースより，https://www.softbank.jp/corp/group/sbm/news/press/2017/20170522_01/］

1.3.7　環境分野

マルチコプターは，火山観測や計測，放射線計測等にも活用されています（図1.11）．筆者らは，クロスカントリーやトレイルランニング等が環境に与える調査を目的に環境計測したこともあります．

図 **1.11**　環境分野：地形調査

1.4 無人航空機の危険性

無人航空機は，常に墜落等の危険性が伴っています．飛行するものが100％落ちないと保証はできません．とくに，マルチコプターは滑空ができないので，トラブルが起こるとほとんどの確率で墜落してしまいます．有人の航空機（とくに旅客機）とは違い，現存する無人航空機のほとんどは墜落等のトラブルがつきものなのです．

1.4.1　ドローンの墜落事故

マルチコプターの急速な普及とともに，墜落事故が多く発生しています．2015年4月に首相官邸の屋上にドローンを墜落させた事件から，様々な事故が報道されています．国土交通省が発表している「無人航空機に係る事故等の一覧（国土交通省に報告のあったもの）」によると2015年から2017年までの3年間で106件あります．以下は，国交省が発表した3年分の「無人航空機に係る事故等の一覧」です．

図 **1.12** 墜落事故には十分注意しよう

平成 27 年度 http://www.mlit.go.jp/common/001125882.pdf
平成 28 年度 http://www.mlit.go.jp/common/001201976.pdf
平成 29 年度 http://www.mlit.go.jp/common/001219305.pdf
平成 30 年度（追加中）http://www.mlit.go.jp/common/001238140.pdf

墜落原因として，「バッテリー切れ」，「制御不能」，「建物等への接触」，「電波障害」，「天候不良」があります．飛ばす前に，バッテリーや機体の整備を十分に行い，風速や天候に注意して飛行させる必要があります．飛行経験が十分にあるオペレータでも墜落事故が起こっています．いつでも墜落させてしまう危険があることを十分に認識して飛行させるようにしましょう．

1.4.2 安全な運用

トラブル時に被害が起こらないようにするため，安全な運用への対策が必要です．墜落等で人にケガをさせないようにするために，飛行させる場所へ人が侵入できないようにすることはとても重要です．無人の飛行区域でのみ運用することや，網などで暴走時にもどこかに行かないようにすること，万が一の時は動力をすべて止めて墜落させるなどの対策は非常に有効です．

チェック！

□問 1.1　以下の無人航空機の説明について誤っているものを選べ.

(1) 人が乗ることのできない飛行機, 回転翼航空機, 滑空機, 飛行船のことである.
(2) 遠隔操作または自動操縦によって飛行する.
(3) 機体重量が 200 グラム未満のものをいう.
(4) 一定の高度以上で飛行させるときには国土交通大臣の許可が必要である.

□問 1.2　以下の固定翼機の説明について誤っているものを選べ.

(1) 主翼は機体に固定されている.
(2) 前進することで揚力を発生させる.
(3) 回転翼機と比べエネルギー効率が悪い.
(4) その場でとどまることができない.

□問 1.3　以下の回転翼機の説明について誤っているものを選べ.

(1) 回転する翼（ローター）によって飛行する.
(2) ドローン（マルチコプター）は回転翼機の一種である.
(3) 固定翼機と比べエネルギー効率が良い.
(4) その場でとどまることができる.

□問 1.4　以下の回転翼機の説明について誤っているものを選べ.

(1) ローターの数が4つのものをクアッドコプターという.
(2) ローターの数が5つのものをトライコプターという.
(3) ローターの数が6つのものをヘキサコプターという.
(4) ローターの数が8つのものをオクタコプターという.

第2章

マルチコプター概論

本章では，マルチコプターの構造がどのように構成されているか，またマルチコプターはどのように飛行しているのかについて解説します．マルチコプターは，プロペラおよびモーターの回転数を調整することによって，非常に複雑な動作ができます．たとえば，垂直上昇や垂直降下，空中静止（ホバリングといいます）のほか，機体の向きを保ちながら前後や左右に進むこともできます．

2.1 マルチコプターの飛行原理

以下では，4つのローター（プロペラとモーター）を備えたクアッドコプターを例として説明します．クアッドコプターは，2つの正転するローターと2つの逆転するローターを組み合わせて飛行しています．

ローターを回すと，作用反作用で，回転方向とは逆向きの回転力，いわゆる反トルクを受けることになります．すべて同じ方向に回転してしまうと機体自体も回転してしまうことから，2つずつ正逆転させることで，この反トルクを打ち消し合っているのです．反トルクが打ち消し合わなかったら，機体は常にぐるぐると回ってしまうことになってしまいます．

図 **2.1**　回転翼機

コラム

タケコプターは実現できる！？

通常のヘリコプターは，ローターの回転とは逆向きに発生する「反トルク」を打ち消すためにテイルローターが取り付けられています．もしこれがなければ，機体はローターの回転とは逆方向に「ぐるぐる回ってしまう」のです．タケコプターは1つのローター（プロペラ）しかないので，人を空中に持ち上げるほどの力を生むためにはかなり高速に回転していることから反トルクも大きく生じていると推察されます．おそらく，下の人はぐるぐる回ってしまうのではないでしょうか！

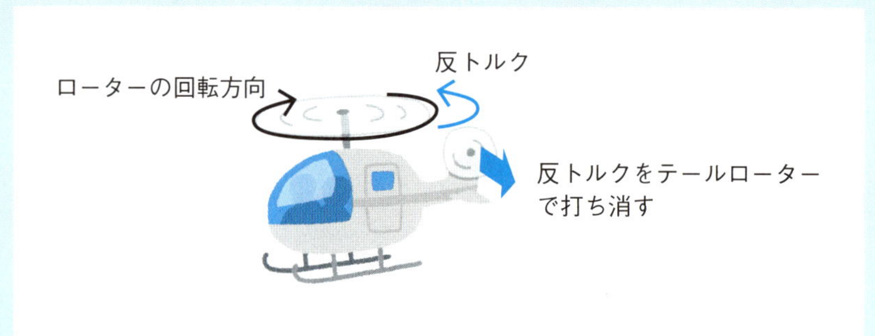

では次に，マルチコプターの動きを見てみましょう．マルチコプターは，複数のローターの回転数を調整することで，上昇降下，前後・左右移動，その場での回転等の様々な動きが実現できます．それぞれを詳しく解説します．

2.1.1　上昇下降移動

すべてのローターの回転数を，同時に増加させると機体が上昇します．同様に，同時に減少させると下降します．この動作のための舵を「スロットル」といい，「スロットルを操作する」ことによって機体を上昇下降させることができます（図 2.2）．ちょうどよい回転数になると，空中で静止（ホバリング）することが可能です．

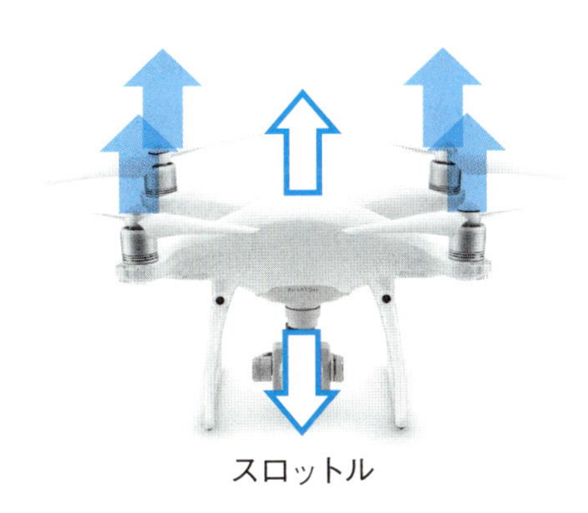

図 **2.2**　上昇下降移動

2.1.2　左右移動

ローターの回転数を調整することで機体を傾け，移動することができます．まずは，機体の左右移動に関する回転に関する用語について解説します．

ローリング（**Rolling**）：ローリングとは，機体の前後の軸に対して回転する（あるいは傾斜する）ことをいいます．またその傾きの角度をロール角と呼んでいます．

機体を「左右」へ動かすためには，機体を「ローリング」させる必要があります．この動作のための舵を「エルロン」といい，「エルロンを操作する」ことによって機体が左（右）に傾き，左（右）に移動することになります．実際にローリングさせるためには，左右のローターの回転数の増減によって機体のバランスを変えます．左に傾斜させる場合は，左側2つのローターの回転数を減少させ，右側2つの回転数を増加させます（図2.3）．

図 2.3　左右移動（ローリング）

2.1.3　前後移動

機体の左右移動と同様に，前後移動に関する回転に関する用語があります．

ピッチング（**pitching**）：ピッチングとは，機体の左右の軸まわりに回転することをいいます．またその角度をピッチ角と呼んでいます．

機体を「前後」に移動させるためには，機体を「ピッチング」させる必要があります．この動作のための舵を「エレベータ」といい，「エレベータを操作する」ことによって機体が前（後）に傾き，前（後）に移動することになります．実際にピッチングさせるためには，ローリングと同様に，前後のローターの回転数の増減によって調整することになります（図2.4）．

2.1.4　回転移動

機体をその場で回転させる動きも行うことができます．このときの機体の回転に関する用語です．

ヨーイング（**yawing**）：ヨーイングとは，機体の上下軸まわりに回転することをいい，その角度がヨー角です．

機体を「回転」させるためには，機体を「ヨーイング」させる必要があります．この動作のための舵を「ラダー」といい，「ラダーを操作する」ことによっ

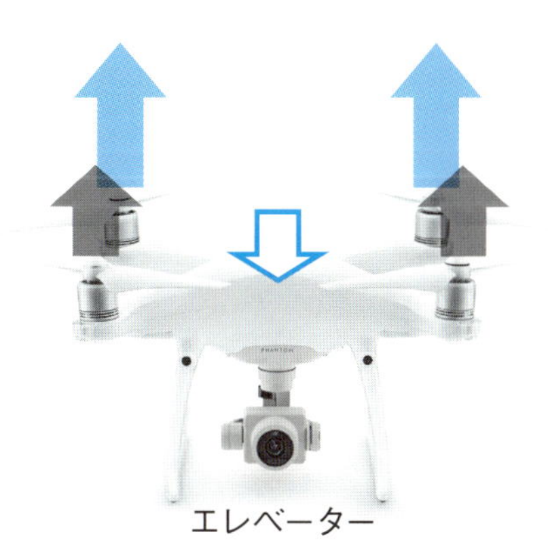

図 **2.4** 前後移動（ピッチング）

て機体が回転することになります．実際にヨーイングさせるためには，対角にあるローターの回転数の増減によって回転させます．これは，ローターの反トルクのバランスをあえて崩し，反トルクを利用して機体を回転させているのです（図 2.5）．

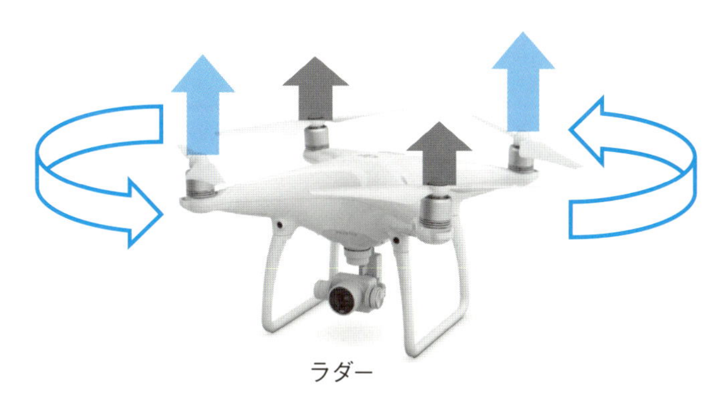

図 **2.5** 回転移動（ヨーイング）

2.2 揚力

揚力とは，機体や翼を上向きに引き上げる力，機体を空中に浮き上がらせる力のことをいいます．マルチコプター等の回転翼機では，ローター（プロペラ）

を回転させることによってこの揚力を得ます．

図 2.6 は，プロペラの断面を示したものです．プロペラは回転方向に対してピッチ角と呼ばれる角度を持っています．プロペラは回転しているので，プロペラに対して働く力は図のように 2 つの方向に分けられます．横方向の力が抗力，上方向の力が揚力です．このように，ピッチ角が大きくなると大きな揚力を得ることができるようになります．ただし，ピッチ角が大きくなると同時に抗力も大きくなりますので，回転の効率がとても悪くなり，結果として揚力が小さくなってしまいます．プロペラ外側のほうが周速が早くなるため，同じピッチ角だと外側の抗力が大きくなります．よって外側に行くほどピッチ角が小さくなっていることがわかります．

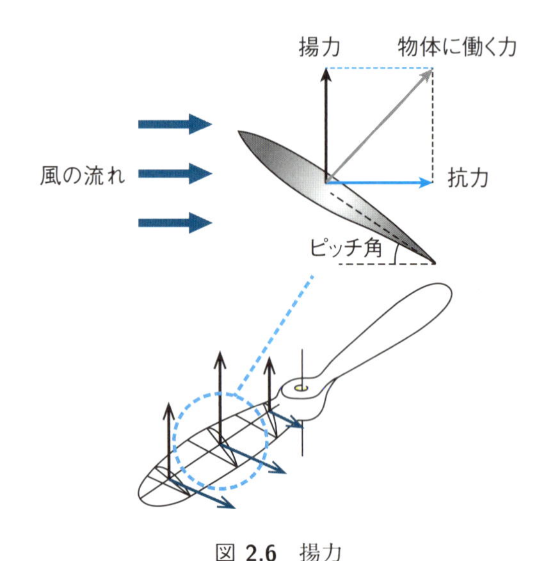

図 **2.6**　揚力

コラム

プロペラも飛行機と同じ翼形状

プロペラが回転するとプロペラの周りに空気の流れができます．プロペラの上面を流れる風の速度が下面に比べて速いため，上面の圧力が下面の圧力より小さくなります．結果としてプロペラに機体の重さを支えるための上向きの力（揚力）が生じます．

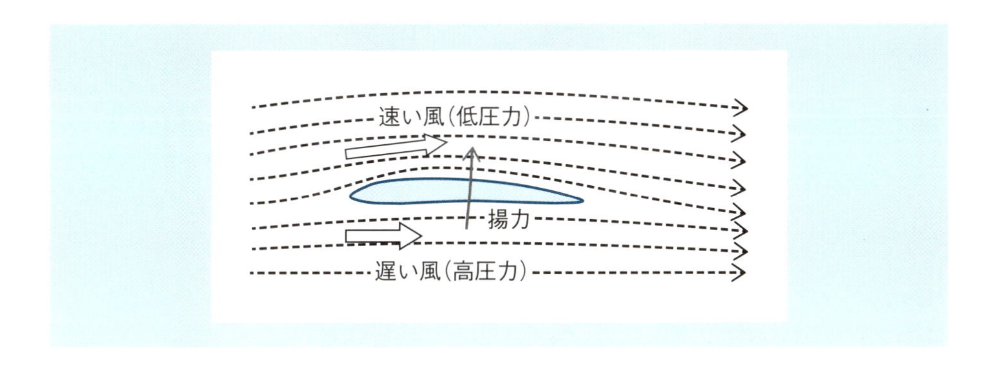

2.3 風の影響

マルチコプター自身から発生する風（ローターが発生する風）や屋外環境における風の影響は，マルチコプターの揚力にとても大きな影響を与えます．本節では，マルチコプターが受ける風の影響について考えてみましょう．屋外で風が発生するしくみについては，第4章の気象を参考にしてください．

2.3.1 吹きおろし（ダウンウォッシュ）

マルチコプターは，ローターによって揚力を発生させて飛行します．この際の揚力に対して反対方向に発生する下向きの空気の流れを吹きおろし（またはダウンウォッシュ）と言います（図2.7）．マルチコプターを飛行させたことのある方やヘリコプターの飛行を見たことがある方は，機体の下側に大きな風が吹いていることがわかると思います．これが，吹きおろし（ダウンウォッシュ）と呼ばれるものです．

2.3.2 ボルテックス・リング・ステート

上記のように，マルチコプターには，ローターの回転によって下向きの風，吹きおろし（ダウンウォッシュ）が発生しています．マルチコプターが（とくに急激に）垂直に降下する場合，吹きおろしと同時に下降による上向きの風が発生することになります．この上向きと下向きの風がぶつかることにより，渦状の風が発生することがあります．この渦状の風はボルテックス・リング（**Vortex ring**）と呼ばれ，機体の振動や操縦不能を引き起こす原因となります．

とくに，ボルテックス・リング・ステート（**Vortex ring state**），また

図 **2.7**　吹きおろし（ダウンウォッシュ）

はセッティング・ウィズ・パワー（**Settling with power**）は，ローターがボルテックス・リング（渦状の風）に巻き込まれたときに発生し，揚力が極めて減少する現象（その状態）です．この状態になると，ローターのパワーを増やしても，ボルテックス・リングを増大させるだけで揚力を増やすことができなくなります．

これを避けるためには，吹きおろしと降下時のマルチコプターが作る風にぶつからないように，急な垂直降下をしないことが重要です．吹きおろしとぶつからないようにするため，斜めに降下することで回避することができます．この時重要なのは，風の向きです．風が吹いている場合は，吹きおろしの風も風下側に流れているので，風下側へ降下するとボルテックス・リングが発生してしまう可能性があります．風下側への降下にも十分に気を付けましょう．

また，ボルテックス・リング・ステートの状態となった場合，揚力が減少するので機体が降下してきます．このとき，推力を上げたくなるのですが，実は推力を増やしても渦がさらに発生することになり，状況を悪化させる原因となってしまいます．この場合は，機体を前後左右方向に移動させ，ボルテックス・リングから脱出させることで回避できます．

2.3.3　地面効果

地上に近い場所では，地面効果と呼ばれる風の影響が発生することがあります．地面効果とは，翼形状を持つ物体が地面付近を移動するときに，翼が受ける揚力が通常時よりも大きくなる現象です．低空時には，吹きおろし（ダウン

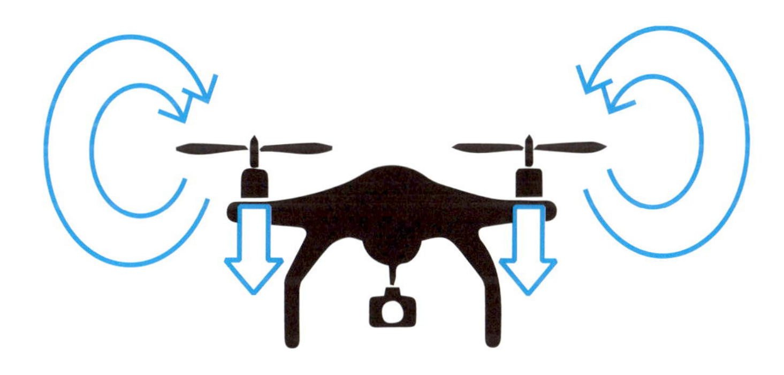

図 **2.8** ボルテックス・リング・ステート

ウォッシュ）の気流が地面から行く手をさえぎられるので，下からローターを支えるような力が発生し揚力が増加します．地上から機体の半径分の高さまでの間においてこの効果が出ると言われています．

マルチコプターを飛行させる場合に，低空時にこの地面効果の影響で揚力が通常より増えてしまうことがあります．このとき，地面効果を受けない高さまで上昇すると，急に揚力が低下してしまいます．このような揚力の変化は大変危険ですので，地面効果を受けない高度でホバリングを行うことが重要です．地上から 1〜2m 上空でホバリングさせるのが無難ですね．

2.3.4 飛行時の風の影響

マルチコプターがホバリングしている状態を例に考えてみましょう．無風の状態であれば，マルチコプターのローターの回転数はすべて同一となるのはわかると思います（バランスが崩れると，上下，前後左右，回転の力が発生してしまいます）．

では，風が機体に吹いてきた場合はどうなるでしょうか．機体に風が当たると，機体は風に流されてしまいます．機体はその場所に留まろうとしてその風に対抗しようとするため，機体を傾けることになります．したがって，ローターの回転数にバラツキが生じてしまうのです．そのため，突風や強風の中では機体が大きく傾くことがあり，ローターが揚力を失って墜落することもあります．

次に，風下に向かって飛行させた場合も考えてみましょう．風と一緒に移動することになるので，ローターへの空気の流れが通常よりも少なくなってしまいます．つまり，揚力が発生しにくくなるのです．このとき，失速して急激に高度が下がることもあり非常に危険ですので注意してください．

図 2.9 風の影響

同様に，風と揚力の関係から，上昇気流にも注意が必要です．上昇気流が発生しているときには，通常よりも大きな揚力が得られることになります．つまり，揚力を小さくしないといけないので，ローターの回転数を下げないといけません．このとき，ローターの回転数が0に近くなると機体の姿勢を制御することができなくなることがあります．機体を急降下させるときも上昇気流が発生した時と同様のことが起こりますので，十分注意して操作しましょう．

2.4 機体構造

次に，マルチコプターの基本構造について見てみよう．

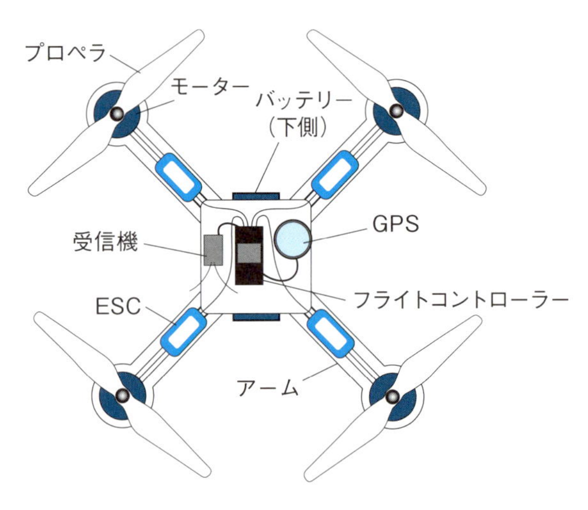

図 2.10 機体構造

2.4.1 フレーム・アーム

フレームは，センサーやローターを搭載するマルチコプターの本体にあたる部分です．とくに，中心部とモーターの間の部分は，アームと呼ばれています．

フレームとしては，頑丈であることが求められています．つまり，接触や墜落をしても壊れないことやローターが高速回転しても振動しないことが重要です．その一方で，頑丈になりすぎて重くなってしまっては意味がありませんので，軽くて風をさえぎらないなどの飛行性能への影響が少ないものが必要です．角パイプのようなフレームよりも丸パイプのようなフレームのほうが風をさえぎらずにすむのでよいのですが，モーターの取り付けが難しくなります．

現在は，素材として **CFRP**（Carbon Fiber Reinforced Plastic，炭素繊維強化プラスチック，カーボン，カーボン樹脂）がよく用いられます．釣り竿やゴルフクラブのシャフトなどにも用いられているものです．アルミ等と比べて，「軽くて強い」，「変形しにくい」という特徴があります．ただし，「加工しにくい」というデメリットもありますので，自作する方は注意が必要です．

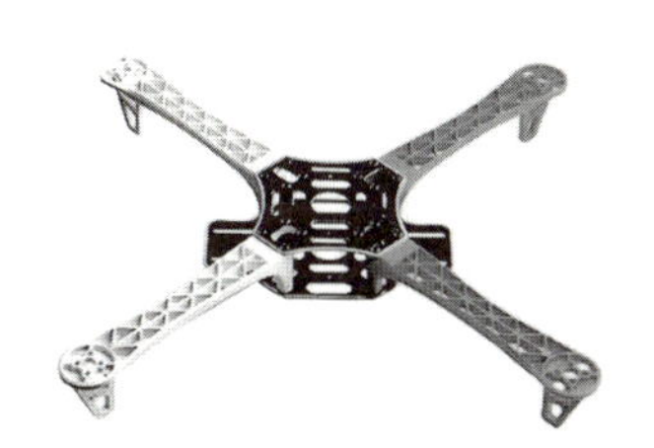
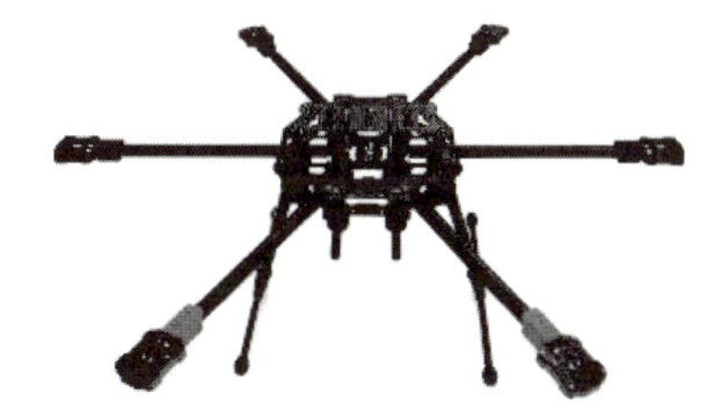

図 **2.11** フレーム

2.4.2 ローター（モーター，プロペラ）

揚力を得るためのローターは，プロペラとモーターによって構成されています．機体の用途，サイズ，希望するペイロード（積載量）等によって種類やサイズを決める必要があります．

一般的なマルチコプターには，**ブラシレス DC モーター**が用いられています．ブラシレス DC モーターは，機械的な接触部分（ブラシ）がないことから，静音で長寿命です．

モーターの性能を示す値として「**KV 値**」というものがあります．KV 値とは，1V の電圧で 1 分間にモーターが回転する回転数を表しています．KV 値は，無負荷時（プロペラを取り付けていない状態）での値ですので，実際にはこの回転数よりも少ない回転数で回ることになります．また，KV 値が高ければ高いほど回転数が上がりますが，回転数が上がるとトルクは小さくなってしまいます．KV 値が高いモーターは高回転型でサイズの小さいプロペラを用い，KV 値が低いモーターはトルク型でサイズの大きなプロペラを用いることになります．モーターの性能表には，推奨されるプロペラのサイズとそれに対する推力の情報が書かれていることが多いので，参考にして決定しましょう．

プロペラは，揚力を発生させるための翼です．ブレードとも呼ばれます．モーターの回転方向に応じて，時計回り（Clock Wise：CW）と反時計回り（Counter Clock Wise：CCW）用のプロペラがあります．プロペラを決定する要素として，直径とピッチがあります．ピッチとは，プロペラが 1 回転する際に進む距離を表しています．2.2 節の揚力で説明したピッチ角によって決まる値です．ピッチが大きい（ピッチ角が大きい）プロペラは，1 回転あたりに発生する推力が大きくなりますがその分モーターには大きなパワー（トルク）が求められます．ピッチの小さなプロペラを使う場合は，高回転型（KV 値の高い）のモータを使用します．また，プロペラはインチ（inch）で表記されています．1 インチ（inch）は 25.4mm です．直径 5 インチでピッチが 4.5 インチのプロペラは，5045 や 5×4.5 と表記されます．

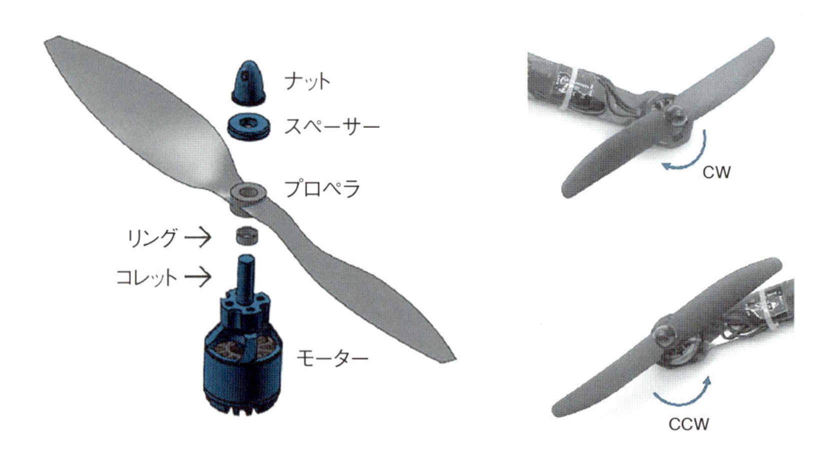

図 2.12　ローター

コラム

モーターの発熱は怖い！？

モーターは，高負荷がかかればかかるほど発熱します．マルチコプターに使われているブラシレスDCモーターには，ネオジム磁石と呼ばれる永久磁石が使われています．ネオジム磁石は，温度が上がった状態（80℃くらい）を保つと磁力が低下する現象が起こります．また，その状態になったモーターは，温度を下げても磁力が低下したままになることがあります．モーターが発熱してしまうと，出力の低下だけでなくモーターの劣化にもつながることになるのです．飛行後にモーターの温度を確認しておいたほうがよいですね．

2.4.3　フライトコントローラー（FC）

フライトコントローラー（**FC, Flight Controller**）は，マルチコプターの運動の制御の中核を担う部分です．人間でいうと脳の部分にあたります．機体の傾きや慣性を計測するための加速度・ジャイロセンサー，高度を計測するための気圧センサー，位置を計測するためのGPSなどのセンサー情報を用いて，様々な計算を行い機体を制御するための指示をローターに出す装置です．

機体の安定性能は，フライトコントローラーの性能で変わると言っても過言ではありません．また，加速度センサーやジャイロセンサーを複数搭載することによって，信頼性や精度を上げているフライトコントローラーもあります．さらに，クアッドコプターのみに対応したものや，ヘキサコプターやオクタコプターに対応するものなど様々です．最適なものを選びましょう．

図 **2.13**　フライトコントローラー

2.4.4 ESC（Electronic Speed Controller）

モーターを動作させるためには，ESC（Electronic Speed Controller）と呼ばれる装置が必要です．アンプやスピコンと呼ばれることもあります．ESCは，フライトコントローラーから受けた命令をもとに，モーターの回転スピードを調整している装置です．

ESCの性能の1つに瞬間・連続最大電流があります．モーターの仕様書には最大電流の記載がありますので，モーターの最大電流を流すことができるESCを選ぶ必要があります．また，使用可能な電圧（バッテリー）も決められているので，注意しましょう．

ESCには，BEC（Battery Elimination Circuit）が内蔵されているものがあります．これは，バッテリーの電圧を降圧する役割があります．このBECをフライトコントローラーの電源として利用することができます．

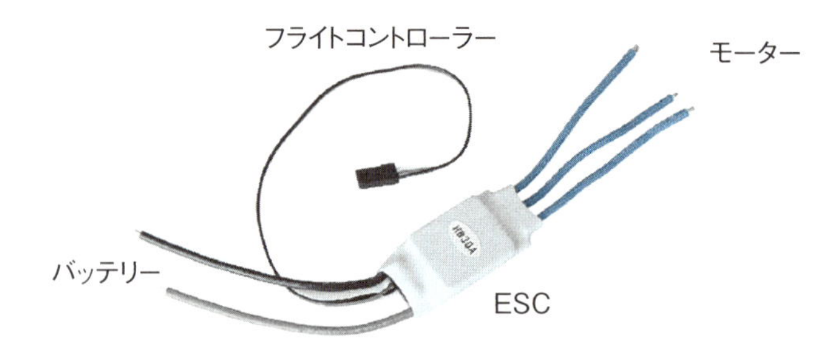

図 **2.14**　ESC

2.4.5 送信機（コントローラー）／受信機

マルチコプターの操縦には，無線通信が利用されています．この操縦用の無線通信装置は，送信機（操縦コントローラー）と受信機によって構成されています．送信機（操縦コントローラー）で入力した値を無線通信によって受信機側に送信します．受信機は，受け取った値をフライトコントローラーに受け渡すことで操縦を可能としています．

この無線通信装置は，一般的に「プロポ」と呼ばれており，その語源はプロポーショナルコントロールシステムです．厳密にいえば，送信機だけではプロポと呼ぶことはできませんが，慣例としてプロポといえば送信機のことを意味します．

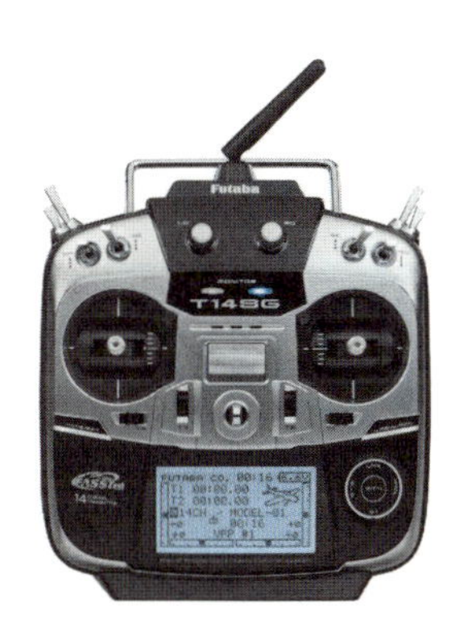

図 **2.15** プロポ

2.5 バッテリー

マルチコプターは，一般的にバッテリーによって電力供給されています．その中でも，リチウムポリマーバッテリー（リポ（Lipo）バッテリー）がよく使われています．一般的なリポバッテリーを用いると，5 分～20 分ほどの飛行を行うことができます．小型でエネルギー密度が高いので，ノートパソコンやスマートフォンのバッテリーとしても使用されています．

電解質をゲル状にした導電性のポリマーを利用し，フィルム層状にした構造となっています．過充電や過放電を行うとバッテリーが化学反応で膨らみ，引火・爆発することもあります．また，ショートさせたり，外的な損傷（何かが刺さる）させたりすると発熱して引火することがあります．取り扱いには十分注意してください．また寒さに弱いため，冬の時期などは電圧の低下が発生しやすい点にも注意が必要です．

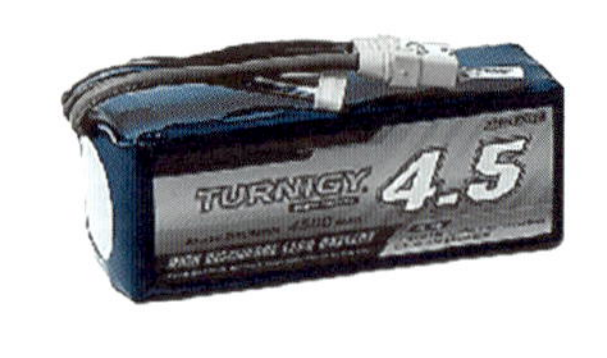

図 **2.16**　バッテリー

2.5.1　リポバッテリーの特徴

リポバッテリーは，充電池の中でもとくに「小型軽量」であり，また「大容量・大出力」なバッテリーです．また，メモリー効果がないためつぎ足し充電が可能です．メモリー効果とは，電池容量が十分に残った状態でつぎ足し充電を何度もくり返すと電池が「短時間だけしか使用していないこと」を記憶（メモリー）してしまうことです．このとき，次に使用した際に，電池容量が十分にあるにもかかわらず電池の電圧が通常よりも低くなってしまいます．ニカド充電池やニッケル水素充電池で起こる現象です．

2.5.2　リポバッテリーの基礎知識

リポバッテリーの電圧，セル数

リポバッテリーは1セルあたり3.7V（ボルト）です．3.7Vとは定格電圧のことで，実際に満充電された状態では4.2V程度まで上がります．マルチコプターで有名なDJI社のPHANTOM 4 Proは4セル（14.8V）で，産業用のマルチコプターは6セル（22.2V）が主流です．もちろん，6セルのバッテリーの満充電時の電圧は $4.2 \times 6 = 25.2$V になっています．

リポバッテリーの容量

バッテリーには，5000mAh（ミリアンペアアワー，5.0Ah）のような表記がされています．これは，バッテリー容量を表しています．たとえば，5000mAhは，5000mA（5A）を流し続けると1時間でバッテリーがなくなることを意味しています．

リポバッテリーの出力

25Cというような表記がありますが，これは出力を表しています．この出力表示にバッテリー容量を掛けた値が，リポバッテリーの定格出力となります．例として，出力表示25C，バッテリー容量5000mAh（5.0Ah）の場合，定格出力は$25 \times 5 = 125$Aとなります．リポバッテリーを選定する際には，リポバッテリーの定格出力が使用するESCの定格出力より大きくなるようにしましょう．例として挙げたリポバッテリーでは，最大で125A以下の定格出力を持つESCを使用できることになります．

2.5.3 リポバッテリーの充電

リポバッテリーの充電は，基本的に1C以下で行うようにしましょう．1Cで充電すると，満充電まで約1時間かかることになります．5000mAhのバッテリーなら5.0Aで充電します．充電器の種類によってはバッテリー容量の入力で，充電電流値を自動に設定するものもあります．

1C以上の充電電流を可能にしたリポバッテリーも発売され始めていますが，充電電流が高くなるほどバッテリーの寿命が短くなることを知っておきましょう．

2.5.4 セルバランスとバランス充電

複数セルのリポバッテリーでは，使用が進むにつれて各セル間で電圧に差が生じてしまいます．この差が大きくなると，どちらかのセルに過放電あるいは過充電の状態が起こり，リポバッテリーは破損してしまいます．各セル同士で電圧を揃えておくことがとても重要です．

このため，バランス充電と呼ばれるセル間の電圧差をなくす充電が必要になります．これにはバランス充電に対応した充電器を使う必要があります．充電時にはバランス充電モードになっているか確認をしてから充電しましょう．充電時間が長くなりますが，毎回バランス充電するほうがよいでしょう．

たとえば図2.17のような3Sのバッテリーでは，各セルのプラスマイナスから4本のケーブルが配線されているバランスコネクターがあります．このコネクターを充電器に接続して充電することで，バランス充電が可能です．

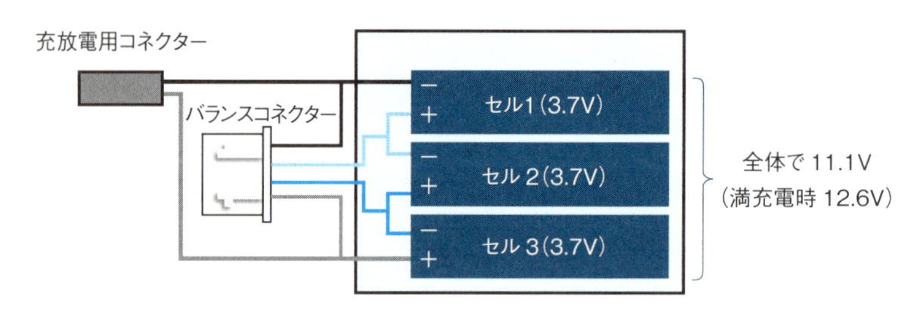

図 **2.17**　3S リポバッテリー

2.5.5　リポバッテリーの保管方法

リポバッテリーは，大きなエネルギーがためられていますので，発火の危険性があります．リポバッテリーの持ち運びや保管をするときは，セーフティバッグを使用するようにしてください．セーフティバッグは，難燃性の素材で作られており，被害を最小限に抑えることができます．もちろん，直射日光があたるなどの高温な場所や燃えやすいものが近くにある場所，湿気の多い場所などに保管することのないようにしましょう．

また，バッテリーを長期で保管する（数週間以上使わない）場合は，バッテリー容量の40〜60％の状態をキープすることが推奨されています．充電器によっては，ストアモード（保管充電モード）があるタイプがありますので，こ

図 **2.18**　セーフティバッグ

ちらを用いるのもよいですね.

2.6 電波・通信

本節では，マルチコプターに使われている電波や通信について解説します.

2.6.1 電界・磁界・電磁界

電界とは，電圧がかかっている空間のことをいいます．プラスチックの下敷きをこすって髪の毛に近づけると毛が逆立つ現象は，静電気によって生じる「電界」によるものです．雷雲と地上の間にも電界は発生し，雷が生まれ落雷が起こります．その他，電界は送電線などの電力設備や家電製品の周りでも発生しています．電界の単位は，キロボルト/メーター（kV/m）という単位で表し，電界の強さは，発生源から離れると急激に小さくなるという特徴があります.

磁界とは，磁気が働く空間のことをいいます．砂鉄をまいて磁石を置くと，砂鉄の模様が描かれますが，これは磁界の作用です．磁界は磁石の周囲だけに発生するものではなく，電気が通っている場所にも発生します．磁界の単位はT（テスラ）です（従来はG（ガウス）が使われていました）．磁界の強さも，電界と同じように発生源から離れるほど影響が小さくなります.

つまり，電界と磁界は電気が通るときに発生する空間のことです．電界は電圧がかかっただけでも発生するのに対して，磁界は電流が流れないと発生しません．このように電界と磁界が同時に発生している空間のことを「電磁界」といいます.

2.6.2 電磁波と電波

電磁波とは，電磁界の中でも波の性質を持ったものを言います．つまり，電界と磁界が互いに影響しながら大きくなったり小さくなったりして空間を伝播（でんぱ）する現象が起こります．これを電磁波と呼んでいるのです．電波が1秒間に進む距離は，約30万kmとされていて，これは光の速度と同じです（光速は299,792,458（約2億9,000）m/sです）．宇宙空間のような何もない空間でも伝播することができます．同様の性質をもつ光（赤外線，可視光線，紫外線など）や電波は，この電磁波の一種なのです.

それでは電波とはどんなものなのでしょうか．周波数で見ると，光よりも周波数が低い電磁波を指します．電波法では，300万MHz（メガヘルツ）以下の周波数の電磁波を「電波」としています．波については，以下の用語がありますので紹介しておきます．

周波数（frequency）

1秒間に繰り返す波の数のことを周波数といいます．周波数の単位には「Hz（ヘルツ）」を使います．

波長（wavelength）

波の山から山までの距離を波長といいます．光速を周波数で割ったものと等しくなります．単位には「m（メートル）」が使われます．

周期（period）

周期とは，1波長（波の山から山まで）分進むのに要する時間をいいます．単位は「時間（秒）」です．

振幅（amplitude）

波の最大値のことを振幅といいます．単位は，電圧の場合V（ボルト），電流の場合A（アンペア）を使用します．

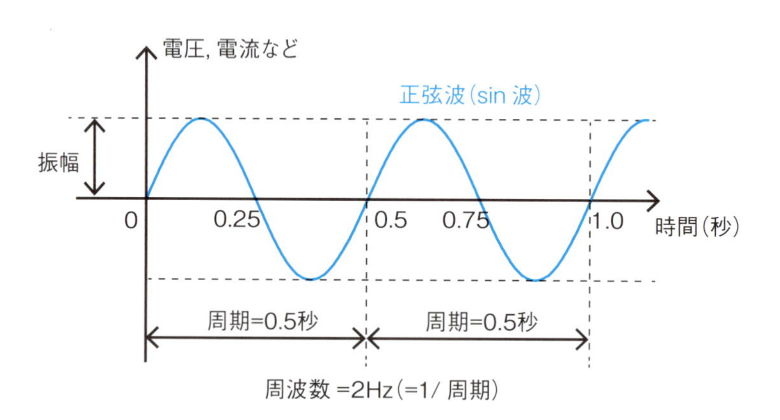

図 **2.19**　周波数，周期，振幅

2.6.3　電波の周波数による分類

電波には様々な周波数があります．波長の長さにより，9 種類に分けられます．以下に，それぞれの特徴を示します．

超長波（**VLF：Very Low Frequency**）

超長波は，周波数が 3〜30kHz，波長が 10km〜100km と非常に長い波長を持っています．電波が水中にまで届くため，潜水艦との通信や海底探査に応用されています．

長波（**LF：Low Frequency**）

長波は，周波数が 30〜300kHz，波長が 1km〜10km の電波です．船舶や航空機の航行用ビーコン等に利用されています．

中波（**MF：Medium Frequency**）

中波は，周波数が 300kHz〜3MHz，波長が 0.1〜1km です．電波の伝わり方が安定していて遠距離まで届くことから，主に AM ラジオ放送用として利用されています．

短波（**HF：High Frequency**）

短波は，周波数が 3〜30MHz，波長が 10m〜100m です．遠距離通信ができ，国際放送やアマチュア無線に用いられています．

超短波（**VHF：Very High Frequency**）

超短波は，周波数が 30MHz〜0.3GHz，波長が 1〜10m の電波です．短波に比べて多くの情報を伝えることができることから，FM ラジオ放送や業務用の移動通信などに用いられています．

極超短波（**UHF：Ultra High Frequency**）

極超短波は，周波数が 0.3〜3GHz，波長が 0.1m〜1m になっています．伝送できる情報量が大きく，小型のアンテナと送受信設備で通信できることから，携帯電話や地上デジタル TV で利用されています．電子レンジなどから発生している電波もこれです．マルチコプターを操縦する電波は，この UHF の中に含まれています．

マイクロ波（**SHF：Super High Frequency**）

マイクロ波は，周波数が3〜30GHz，波長は1〜10cmであり，情報伝達容量が非常に大きいのが特徴です．衛星通信や衛星放送に利用されています．

ミリ波（**EHF：Extra High Frequency**）

ミリ波は，周波数30GHz〜0.3THz，波長1〜10mmです．非常に大きな情報量を伝送することができますが，雨や霧による影響を強く受けるため悪天候時は遠くへ伝えることができません．そのため，比較的短距離の無線通信や画像伝送システムに用いられています．

サブミリ波

サブミリ波は，周波数が0.3〜3THz，波長は0.1〜1mmです．宇宙電波の受信や電波望遠鏡などに使っている電波です．

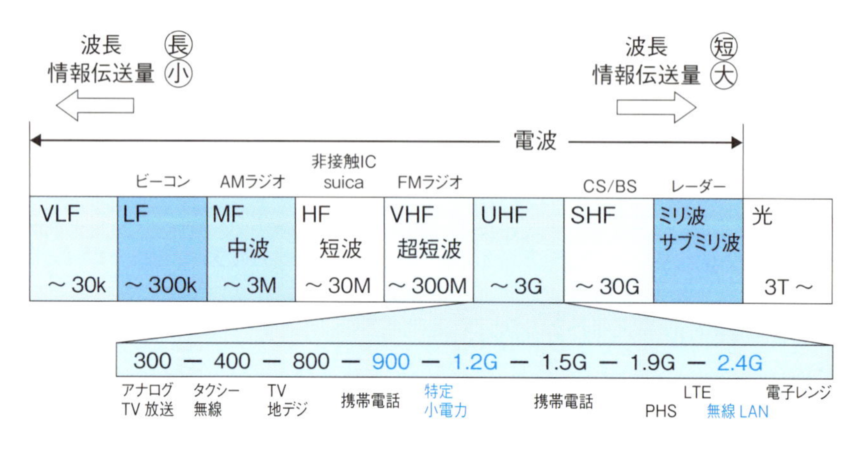

図 **2.20**　電波の種類

2.6.4　操縦のための電波

ラジコン用の送受信機（プロポ）は，2.4GHz帯域の電波を使用しているものがほとんどです．2.4GHz帯域では，周波数帯域幅80MHzで，スペクトラム拡散通信（FH方式）が利用できます．FH方式は，30chの周波数チャネルを利用しているので，干渉を受けにくくなります．

周波数帯域幅

周波数帯域幅とは，通信に用いる電波の周波数の範囲のことです．データ通信は，この周波数の範囲が広ければ広いほど転送速度が向上します．

スペクトラム拡散通信（**FH** 方式，**DS** 方式）

スペクトラム拡散通信は，無線 LAN や Bluetooth などの無線機に使用されている変調方式です．スペクトラム拡散通信には直接拡散方式（DS）と周波数ホッピング方式（FH）があります．スペクトラムを拡散（信号エネルギーを広帯域に分散させる）することで，通信を復調しにくくして秘匿性を向上させたり，多少の妨害波があっても通信が途絶えにくくしたりできます．

直接拡散（DS）形式（Direct Sequence Spread Spectrum）とは，デジタル信号で広い帯域に分散して送信するものです．多対一の通信に適しています．GPS などに使われています．

周波数ホッピング（FH）方式（Frequency Hopping Spread Spectrum）とは，極めて短い時間（0.1 秒程度が多い）ごとに信号を送信する周波数を変更するものです．次々に送信周波数を変更していくため，特定の周波数帯でノイズが発生した場合でも他の周波数で通信したデータによって補正することができます．ノイズの少ない周波数を選択して送信したりもできます．また，耐障害性が高く，多対多の大規模通信に適しています．近距離無線通信規格の Bluetooth 等も FH 方式を使用しています．

2.6.5 マルチコプターの運用のための電波

一般的なマルチコプターに使用している電波の周波数について説明します．通常の空撮用マルチコプターには，機体操縦用，カメラ操作用，カメラ映像伝送用，GPS 用の電波がそれぞれ使われています．このとき，周波数をそれぞれ違うものにしなければ，互いが干渉してしまい，レスポンスの低下や通信が途絶えてしまう可能性があります．

市販の送受信機（プロポ）は 2.4GHz 帯を使用していますので，機体操縦用とカメラ操作用の両方に 2.4GHz を使用する場合は電波干渉の可能性があります．さらに，カメラ映像伝送用にも 2.4GHz を使用すれば，干渉の発生の可能性がさらに上がります．干渉した場合，操縦のレスポンスが低下したり，映像

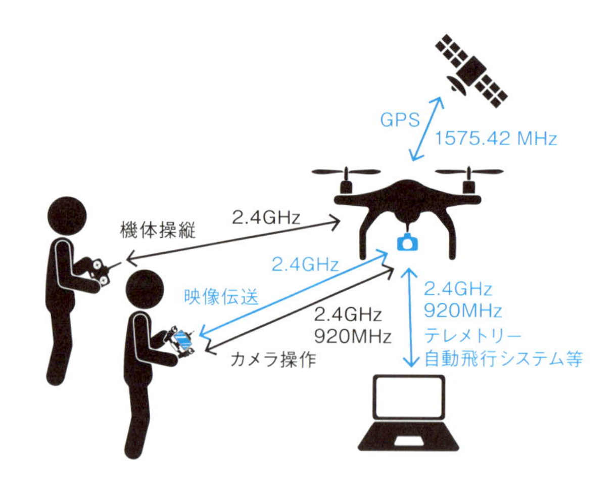

図 **2.21**　マルチコプターの運用例

が途切れ途切れになったりします．このように1機の機体において，複数の同帯域の電波を利用することはリスクが発生しますので必要最低限の電波を使うなどの対策が必要不可欠です．

2.6.6　その他の電波

5GHz 帯の映像伝送装置

市販の映像伝送装置には，5GHz 帯のものがあります．2.4GHz 帯を使わないので電波干渉が起こりにくいという利点があります．しかしながら，日本国内では認証が取れている，免許がいらないと書かれている装置が多いですが，これは屋内環境での使用を想定したものです．屋外では電波法違反となりますので注意しましょう．

第三級陸上特殊無線技士以上の資格を取得すれば，5.7GHz の無人移動体画像伝送システムの帯域を使用することができます．業務で空撮を行う際には，これらの資格の取得を検討しましょう．

アマチュア無線

個人が楽しむための無線通信用の制度があり，5.8GHz 帯を使えます．これは，業務に利用することはできませんので（電波法違反となりますので）注意しましょう．

2.6.7 電波による影響について

それでは，マルチコプターを運用するにあたって，電波についてどのようなことに注意する必要があるのでしょうか．

電波を通さないもの

見通しの良い場所で運用することが一番ですが，業務として空撮等を行う場合もあるかもしれません．その場合，電波が届きやすいかどうかを見極める必要があります．

一般的に，金属等の電気抵抗が低い物質は電波を反射するため，通しにくい作用があります．ですので，金属の扉や鉄塔等といった金属構造物の近くでは電波が届きにくくなります．エレベータの中では，携帯の電波が届かないことがありますよね．エレベータは金属に囲まれていますので，電波を通しにくいのです．

一方，ガラスやコンクリートは電波を通すことができます．しかし，コンクリートの中には鉄筋が入っていますので，通常のコンクリート構造物は電波を通しにくいです．運用の際は，電波の通しにくい建物の位置等も考慮しましょう．

周波数帯の複数使用による干渉

同帯域の電波を用いている場合は，干渉等の危険がありますので注意が必要です．FH 方式を用いている場合は，周波数帯を逐次変更するので干渉しにくくなりますが，同じ 2.4GHz 帯の WiFi 方式の場合は注意が必要です．たとえば，都市部や大型商業施設等では，多くの公共 WiFi 通信装置が設置されています．また，大きなイベント会場では，多くの人のスマートフォンの影響で，WiFi 通信ができなくなることがあります．

電力干渉

同じ周波数帯の通信が少ない場合でも電力干渉が起こる場合があります．2つの通信を行っている場合を考えてみましょう．このとき 1 つの通信の周波数の電力が強い場合，この強い電波の影響で受信局の通信の増幅度が小さくなり，受信感度が低くなってしまう現象が発生します．つまり，弱いほうの電波が補足できにくくなり，通信が途絶えてしまうことがあります．

他の電波干渉

飛行中のマルチコプターは，ラジオやテレビの放送電波，携帯基地局の電波，他の業者による業務用電波などの電波干渉を受ける可能性があります．電波干渉すると，操縦用無線通信の不具合，フライトコントローラーの動作の不具合などが起こることもあります．

電波対策

まず，マルチコプター運用を行うにあたって，同じ周波数帯の通信機器をできるだけ使わないことが重要です．必要最低限の通信機器で運用できるように検討しましょう．事前に干渉が起こらないか十分に検証を行ってください．とくに新しい機器に変更した場合は注意が必要です．

また，マルチコプターを飛行させる場所の確認も十分に行いましょう．つまり，電気が通るときには電磁波（電磁界）が発生します．鉄塔や電波塔などの高出力の電波発生が予測されるものには近づかないことが，一番の安全対策になります．また，どのような電波が発生しているのか，スペクトラムアナライザーなどの測定器で確認することも有効です．

2.7 GPS

多くの産業用マルチコプターには，位置計測を行うためにGPS（Global Positioning System，全地球測位システム）が利用されています．自動車のカーナビにも用いられているものです．GPSにもL1帯（1575.42MHz）とL2帯（1227.6 MHz）と呼ばれる電波が利用されていますので電波干渉には十分に気を付ける必要があります．

GPSは，人工衛星から信号コードを電波によって発信しています．GPS衛星は，自身の位置と発信された時間を送信しています．このとき，GPS受信機で到着した時間を計測することでGPS衛星からの距離を測定することができます．このGPS衛星からの距離を3個以上の衛星から得ることができれば，その交点が現在地ということになります．ですので，複数のGPS衛星からの信号を補足しておく必要があります．可能なら10個以上のGPSを補足しながら運用できるようにしましょう（市販のものは7個以上補足しないと飛行できなくなっているものがほとんどです）．

2.7.1 GPSの補足について

GPSは，ビルの間，谷間，渓谷のような空が見えない状況では，ロストする（位置情報を補足できない）場合があります．トンネルや屋内施設ではもちろん補足できません．GPSを用いた飛行の際には，上空が開けた環境で運用するように心がけてください．

その他の方法として，耐干渉性の高いGPSを利用する方法や，GNSS（Global Navigation Satellite System，全地球航法衛星システム）タイプを使う方法もあります．GNSSとは，アメリカで開発されたGPS以外に，ロシアの測位システムであるGLONASS（Global Navigation Satellite System），欧州のGalileo，中国のBeiDou，日本の準天頂衛星の みちびき（QZSS，Quasi-Zenith Satellite System），さらにこれらを補強する静止衛星システムSBAS（Satellite-Based Augmentation System）を表す総称で，これらの組み合わせで位置情報の補足数が増えるので，ロストしにくくなります．

チェック！

□問 2.1　以下のマルチコプターの飛行原理の説明について正しいものを選べ.

(1) ローターはすべて同じ方向に回転している.
(2) ローターの回転速度を変えることで様々な動きができる.
(3) ホバリング状態では，ローターは常に同じ速度で回転している.
(4) その場での機体の旋回はできない.

□問 2.2　以下のマルチコプターの操作名称で誤っているものを選べ.

(1) 機体を上昇，下降させる際の舵を「エレベーター」という.
(2) 機体を左右へ動かす際の舵を「エルロン」という.
(3) 機体を上下軸回りに回転させる際の舵を「ラダー」という.
(4) 機体を前進，後退させる際の舵を「エレベーター」という.

□問 2.3　以下のマルチコプターが受ける風の影響の中から誤っているものを選べ.

(1) 飛行中に発生する下向きの空気の流れを「吹き下ろし」という.
(2) ボルテックス・リングが発生すると揚力が減少することがある.
(3) 地面効果とは地面に吸い付けられるような現象である.
(4) 突風や強風の中では機体が大きく傾き，墜落する危険性がある.

□問 2.4　以下のマルチコプターの機体構造について誤っているものを選べ.

(1) フレームは軽くて強い素材が良い.
(2) プロペラは時計回り（CW）と反時計回り（CCW）のものがある.
(3) プロポとは受信機である.
(4) フライトコントローラーとは機体を制御する指示を出す装置である.

□問 2.5　以下のバッテリーについての説明で誤っているものを選べ.

(1) マルチコプターのバッテリーはリチウムポリマーバッテリーが多い.
(2) リチウムポリマーバッテリーは寒さにより電圧の低下が発生しやすい.

(3) リチウムポリマーバッテリーは発火する危険性がある.
(4) リチウムポリマーバッテリーはメモリー効果がある.

□問 2.6 以下の電波・通信についての説明で誤っているものを選べ.

(1) ラジコン用のプロポは 2.4Ghz 帯域を使用しているものが多い.
(2) 5Ghz 帯域をドローンで使用すると電波法違反となる.
(3) 2.4Ghz は Wi-Fi の電波と干渉しレスポンスが低下する可能性がある.
(4) 電波は少々の干渉はあっても通信が途絶えることはない.

□問 2.7 以下の GPS の説明で誤っているものを選べ.

(1) 多くの産業用マルチコプターに使用されている.
(2) ビルの間, 谷間のような空が見えない状況ではロストする場合がある.
(3) トンネルの中でも広いトンネルであれば GPS は使用ができる.
(4) 屋内施設では補足できないことが多い.

第3章

法律・ルール

無人航空機を飛行，運用させるために必要な法律について紹介します．

3.1 航空法

3.1.1 無人航空機の飛行ルールに関する航空法の規定

無人航空機が多く出現し事故も増えてきたことから，平成 27 年 12 月 10 日に航空法の一部を改正する法律（平成 27 年法律第 67 号）が制定されました．無人航空機を飛行させるためには，同法および関係法令を遵守する必要があります．これらのルールに違反した場合には，50 万円以下の罰金が課されることがあります．

基本的なルールの詳細については，国土交通省のホームページでも情報提供されていますので活用しましょう．

「無人航空機（ドローン・ラジコン機等）の飛行ルール」
　http://www.mlit.go.jp/koku/koku_tk10_000003.html

なお，国土交通大臣の飛行の許可・承認を受ける必要がある場合にも上記ホームページから申請書をダウンロードして，飛行させる 10 日前（土日祝日などを除く）までに，東京航空局，大阪航空局または各空港事務所に申請書を提出しなければなりません．屋内や網などで四方・上部が囲まれた空間については申請は不要です．

飛行の禁止空域

有人の航空機に衝突するおそれや，落下した場合に，地上の人などに危害を及ぼすおそれが高い空域として，以下の空域で無人航空機を飛行させることは，原則として禁止されています．これらの空域で無人航空機を飛行させようとする場合には，安全面の措置をしたうえで，国土交通大臣の許可を受ける必要があります．（屋内や網などで四方・上部が囲まれた空間で飛行させる場合は不要です．）なお，自身の私有地であっても，以下の（A）～（C）の空域に該当する場合には，国土交通大臣の許可を受ける必要があります．

（A）地表又は水面から150m以上の高さの空域
（B）空港周辺の空域：空港やヘリポート等の周辺に設定されている進入表面，転移表面若しくは水平表面又は延長進入表面，円錐表面若しくは外側水平表面の上空の空域
（C）人口集中地区の上空：直近の国勢調査の結果による人口集中地区の上空

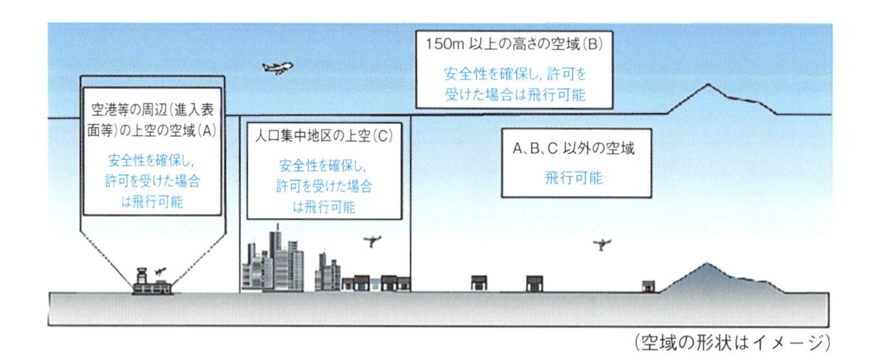

図 **3.1**　飛行の禁止空域
［国土交通省ホームページより］

飛行の方法

飛行させる場所に関わらず，無人航空機を飛行させる場合には，以下のルールを守ることが必要です．

- 日中（日出から日没まで）に飛行させること
- 目視（直接肉眼による）範囲内で無人航空機とその周囲を常時監視して飛行させること（目視外飛行の例：FPV（First Person's View），モニター監視）
- 第三者又は第三者の建物，第三者の車両などの物件との間に距離（30m）を保って飛行させること
- 祭礼，縁日など多数の人が集まる催し場所の上空で飛行させないこと
- 爆発物など危険物を輸送しないこと
- 無人航空機から物を投下しないこと

これらのルールによらずに無人航空機を飛行させようとする場合には，地方航空局長の承認を受ける必要があります．

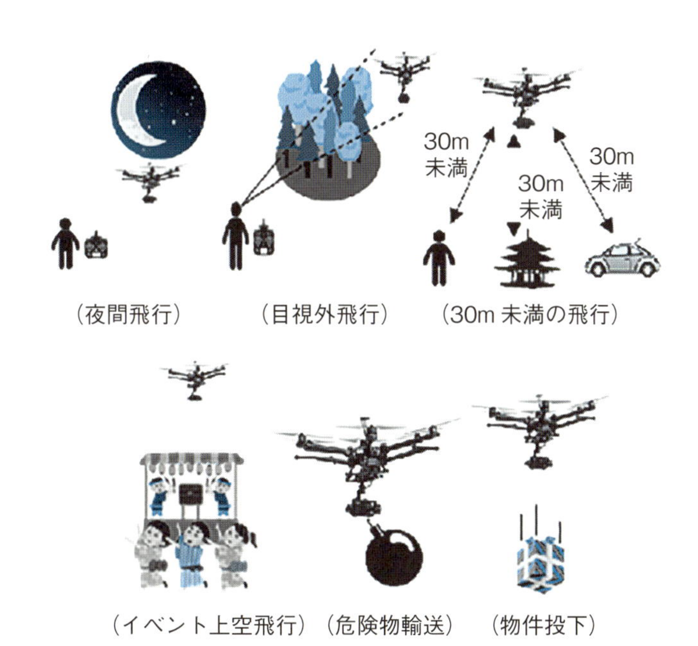

図 3.2 飛行の方法

［国土交通省ホームページより］

3.1.2 関連する航空法

（無人航空機の定義）第 **2** 条第 **22** 項

この法律において「無人航空機」とは，航空の用に供することができる飛行機，回転翼航空機，滑空機，飛行船その他政令で定める機器であって構造上人が乗ることができないもののうち，遠隔操作又は自動操縦（プログラムにより自動的に操縦を行うことをいう.）により飛行させることができるもの（その重量その他の事由を勘案してその飛行により航空機の航行の安全並びに地上及び水上の人及び物件の安全が損なわれるおそれがないものとして国土交通省令で定めるものを除く.）をいう.

（飛行の禁止空域）第 **132** 条

何人も，次に掲げる空域においては，無人航空機を飛行させてはならない．ただし，国土交通大臣がその飛行により航空機の航行の安全並びに地上及び水上の人及び物件の安全が損なわれるおそれがないと認めて許可した場合においては，この限りでない.

1. 無人航空機の飛行により航空機の航行の安全に影響を及ぼすおそれがあるものとして国土交通省令で定める空域
2. 前号に掲げる空域以外の空域であって，国土交通省令で定める人又は家屋の密集している地域の上空

（飛行の方法）第 **132** 条の **2**

無人航空機を飛行させる者は，次に掲げる方法によりこれを飛行させなければならない．ただし，国土交通省令で定めるところにより，あらかじめ，次の各号に掲げる方法のいずれかによらずに飛行させることが航空機の航行の安全並びに地上及び水上の人及び物件の安全を損なうおそれがないことについて国土交通大臣の承認を受けたときは，その承認を受けたところに従い，これを飛行させることができる.

1. 日出から日没までの間において飛行させること.
2. 当該無人航空機及びその周囲の状況を目視により常時監視して飛行させること.
3. 当該無人航空機と地上又は水上の人又は物件との間に国土交通省令で定め

る距離を保って飛行させること.

4. 祭礼，縁日，展示会その他の多数の者の集合する催しが行われている場所の上空以外の空域において飛行させること.
5. 当該無人航空機により爆発性又は易燃性を有する物件その他人に危害を与え，又は他の物件を損傷するおそれがある物件で国土交通省令で定めるものを輸送しないこと.
6. 地上又は水上の人又は物件に危害を与え，又は損傷を及ぼすおそれがないものとして国土交通省令で定める場合を除き，当該無人航空機から物件を投下しないこと.

（捜索，救助等のための特例）第 **132** 条の **3**

前 2 条の規定は，都道府県警察その他の国土交通省令で定める者が航空機の事故その他の事故に際し捜索，救助その他の緊急性があるものとして国土交通省令で定める目的のために行う無人航空機の飛行については，適用しない.

（無人航空機の飛行等に関する罪）第 **157** 条の **4**

次の各号のいずれかに該当する者は，50 万円以下の罰金に処する.

1. 第 132 条の規定に違反して，無人航空機を飛行させた者
2. 第 132 条の 2 第 1 号から第 4 号までの規定に違反して，無人航空機を飛行させた者
3. 第 132 条の 2 第 5 号の規定に違反して，無人航空機により同号の物件を輸送した者
4. 第 132 条の 2 第 6 号の規定に違反して，無人航空機から物件を投下した者

3.2 小型無人機等飛行禁止法

国会議事堂，内閣総理大臣官邸その他の国の重要な施設等，外国公館等及び原子力事業所の周辺地域の上空における小型無人機等の飛行の禁止に関する法律（平成 28 年法律第 9 号）も注意が必要です．これは，各施設に対する危険を未然に防止し，国政の中枢機能や良好な国際関係の維持，公共の安全の確保に資することを目的として作られています．警察庁のホームページに詳細が書かれ

ています．https://www.npa.go.jp/bureau/security/kogatamujinki/index.html

第8条第1項の規定に基づき，以下の地図で示す地域（対象施設の敷地又は区域及びその周囲おおむね300メートルの地域：「対象施設周辺地域」）の上空においては，小型無人機等の飛行を禁止されています．その他の飛行体についても規制されているので，対象地区での飛行はしないようにしましょう．

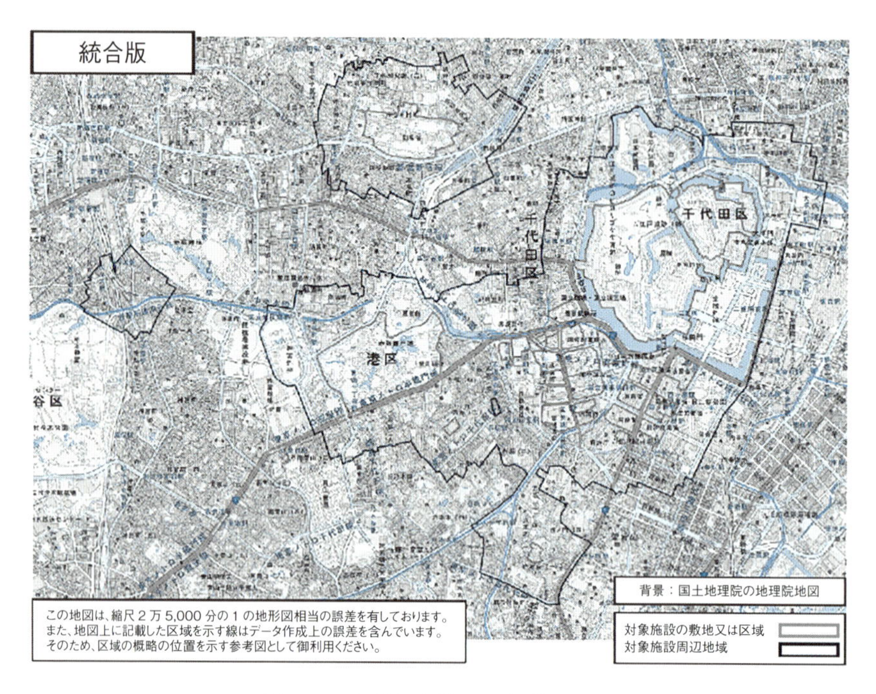

図 **3.3**　小型無人機の飛行禁止区域

［警察庁ホームページより］

3.2.1　小型無人機等飛行禁止法（平成28年法律第9号）の抜粋

（対象施設の定義）第2条

この法律において「対象施設」とは，次に掲げる施設をいう．

1. 国の重要な施設等として次に掲げる施設
   イ　国会議事堂，国会法（昭和22年法律第79号）第132条の2に規定する議員会館並びに衆議院議長及び参議院議長の公邸その他国会に置かれる機関［国会に置かれる機関の休日に関する法律（昭和63年法律第105号）第1条第2項に規定する国会に置かれる機関をいう.］の庁舎［国家機関がその事務を処理するために使用する建築物（専ら公園の管理事務所として使用されるものを除く.）をいう. 8及び2において同じ.］であって東京都千代田区永田町一丁目又は二丁目に所在するもの

ロ 内閣総理大臣官邸並びに内閣総理大臣及び内閣官房長官の公邸

ハ ロに掲げるもののほか，対象危機管理行政機関［危機管理（国民の生命，身体又は財産に重大な被害が生じ，又は生じるおそれがある緊急の事態への対処及び当該事態の発生の防止をいう．以下このハにおいて同じ.）に関する機能を担う国の行政機関であって政令で定めるものをいう．以下同じ.］の庁舎であって当該対象危機管理行政機関の担う危機管理に関する機能を維持するため特に必要なものとして政令で定めるもの

ニ 最高裁判所の庁舎であって東京都千代田区隼町に所在するもの

ホ 皇居及び御所であって東京都港区元赤坂二丁目に所在するもの

ヘ 第4条第1項の規定により対象政党事務所として指定された施設

2. 第5条第1項の規定により対象外国公館等として指定された施設
3. 第6条第1項の規定により対象原子力事業所として指定された施設

（小型無人機の定義）第**2**条の**3**

この法律において「小型無人機」とは，飛行機，回転翼航空機，滑空機，飛行船その他の航空の用に供することができる機器であって構造上人が乗ることができないもののうち，遠隔操作又は自動操縦（プログラムにより自動的に操縦を行うことをいう.）により飛行させることができるものをいう.

（特定航空用機器の定義）第**2**条の**4**

この法律において「特定航空用機器」とは，航空法（昭和27年法律第231号）第2条第1項に規定する航空機以外の航空の用に供することができる機器であって，当該機器を用いて人が飛行することができるもの（高度又は進路を容易に変更することができるものとして国家公安委員会規則で定めるものに限る.）をいう.

（小型無人機等の飛行の定義）第**2**条の**5**

この法律において「小型無人機等の飛行」とは，次に掲げる行為をいう．

1. 小型無人機を飛行させること．
2. 特定航空用機器を用いて人が飛行すること．

（国の所有又は管理に属する対象施設の敷地等の指定）第**3**条

次の各号に掲げる者は，当該各号に定める対象施設の敷地（1の建築物又は用途上不可分の関係にある2以上の建築物のある一団の土地をいう．以下同じ.）又は区域を指定しなければならない．

1. 衆議院議長及び参議院議長　その所管に属する前条第1項第1号イに掲げる対象施設の敷地（国会議事堂の敷地にあっては，その所管に属する部分に限る.）
2. 内閣総理大臣　前条第1項第1号ロに掲げる対象施設の敷地及び同号ホに掲げる対象施設の区域（一般の利用に供される区域を除く.）
3. 対象危機管理行政機関の長　前条第1項第1号ハに掲げる対象施設の敷地
4. 最高裁判所長官　前条第1項第1号ニに掲げる対象施設の敷地

（対象政党事務所の指定等）第**4**条

総務大臣は，衆議院議員又は参議院議員が所属している政党（政治資金規正法（昭和23年法律第194号）第6条第1項（同条第5項において準用する場合を含む.）の規定により政党である旨を総務大臣に届け出たものに限る．第5項及び第6項において同じ.）の要請があったときは，その主たる事務所を対象政党事務所として指定するものとする．この場合において，総務大臣は，併せて当該対象政党事務所の敷地を指定するものとする．

（対象外国公館等の指定等）第**5**条

外務大臣は，外交関係に関するウィーン条約第1条（i）に規定する使節団の公館，領事関係に関するウィーン条約第1条1（j）に規定する領事機関の公館及び条約において不可侵とされる外国政府又は国際機関の事務所並びに別表に定める外国要人（以下この条において単に「外国要人」という.）の所在する場所のうち，第1条の目的に照らしその施設に対する小型無人機等の飛行による危険を未然に防止することが必要であると認めるものを，対象外国公館等として指定することができる．この場合において，外務大臣は，併せて当該対象外国公館等の敷地又は区域を指定するものとする．

（対象原子力事業所の指定等）第**6**条

国家公安委員会は，原子力事業所であってテロリズム（政治上その他の主義主張に基づき，国家若しくは他人にこれを強要し，又は社会に不安若しくは恐怖を与える目的で人を殺傷し，又は重要な施設その他の物を破壊するための活動をいう．以下この項において同じ.）の対象となるおそれがあり，かつ，その施設に対してテロリズムが行われた場合に，広域にわたり，国民の生命及び身体に甚大な被害を及ぼすおそれのあるものとして政令で定めるもののうち，第1条の目的に照らしその施設に対する小型無人機等の飛行による危険を未然に防止することが必要であると認めるものを，対象原子力事業所として指定することができる．この場合において，国家公安委員会は，併せて当該対象原子力事業所の敷地又は区域を指定するものとする．

（対象施設周辺地域の上空における小型無人機等の飛行の禁止）第**8**条

何人も，対象施設周辺地域の上空において，小型無人機等の飛行を行ってはならない．

（対象施設周辺地域の上空における小型無人機等の飛行の禁止）第**8**条の**2**

前項の規定は，次に掲げる小型無人機等の飛行については，適用しない．

1. 対象施設の管理者又はその同意を得た者が当該対象施設に係る対象施設周辺地域の上空において行う小型無人機等の飛行
2. 土地の所有者若しくは占有者（正当な権原を有する者に限る.）又はその同意を得た者が当該土地の上空において行う小型無人機等の飛行
3. 国又は地方公共団体の業務を実施するために行う小型無人機等の飛行

（罰則）第**11**条

第8条第1項の規定に違反して対象施設及びその指定敷地等の上空で小型無人機等の飛行を行った者は，一年以下の懲役又は五十万円以下の罰金に処する．

3.3 電波法

マルチコプターを利用する際には，その操縦や画像伝送のために，電波を発射する無線設備が広く利用されています．これらの無線設備を日本国内で使用する場合は，電波法令に基づき，無線局の免許を受ける必要があります．ただし，他の無線通信に妨害を与えないように，周波数や一定の無線設備の技術基準に適合する小電力の無線局等は免許を受ける必要はありません．

<table>
<tr><th>分類</th><th>無線局
免許</th><th>周波数帯</th><th>送信出力</th><th>利用形態</th><th>備考</th><th>無線従事者
資格</th></tr>
<tr><td rowspan="3">免許および
登録を
要しない
無線局</td><td>不要</td><td>73MHz 帯等</td><td>※ 1</td><td>操縦用</td><td>ラジコン用
微弱無線局</td><td rowspan="3">不要</td></tr>
<tr><td rowspan="2">不要
※ 2</td><td>920MHz 帯</td><td>20mW</td><td>操縦用</td><td>920MHz 帯
テレメータ用，
テレコントロール用特定小電力
無線局</td></tr>
<tr><td>2.4GHz 帯</td><td>10mW/MHz</td><td>操縦用
画像伝送用
データ伝送用</td><td>2.4GHz 帯
小電力データ
通信システム</td></tr>
<tr><td>携帯局</td><td>要</td><td>1.2GHz 帯</td><td>最大 1W</td><td>画像伝送用</td><td>アナログ方式
限定　※ 4</td><td rowspan="4">第三級陸上
特殊無線
技士以上の
資格</td></tr>
<tr><td rowspan="3">携帯局
陸上移動局</td><td rowspan="3">要※ 3</td><td>169MHz 帯</td><td>10mW</td><td>操縦用
画像伝送用
データ伝送用</td><td rowspan="3">無人移動体
画像伝送
システム
（平成 28 年
8 月に
制度整備）</td></tr>
<tr><td>2.4GHz 帯</td><td>最大 1W</td><td>操縦用
画像伝送用
データ伝送用</td></tr>
<tr><td>5.7GHz 帯</td><td>最大 1W</td><td>操縦用
画像伝送用
データ伝送用</td></tr>
</table>

※ 1：500m の距離において，電界強度が 200μV/m 以下のもの．

※ 2：技術基準適合証明等（技術基準適合証明および工事設計認証）を受けた適合表示無線整備であることが必要．

※ 3：運用に際しては，運用調整を行うこと．

※ 4：2.4GHz 帯および 5.7GHz 帯に無人移動画像伝送システムが制度化されたことに伴い，1.2GHz 帯からこれらの周波数帯への移行を推奨しています．

図 3.4　おもな無線通信システム
［総務省ホームページより］

マルチコプターには，ラジコン用の微弱無線局や小電力データ通信システム（無線 LAN 等）の一部が主として用いられています．

● 微弱無線局（ラジコン用）

ラジコン等に用いられる微弱無線局は，無線設備から 500 メートルの距離での電界強度（電波の強さ）が 200μV/m 以下のものとして，周波数などが総務省告示で定められています．無線局免許や無線従事者資格が不要であり，産業用のラジコンヘリ等で用いられています．

● 小電力無線局

小電力無線局は，免許を要しない無線局の一つで，空中線電力が 1W 以下で，特定の用途に使用される一定の技術基準が定められた無線局です．たとえば，Wi-Fi や Bluetooth 等の小電力データ通信システムの無線局等がこれにあたります．

これらの小電力無線局は，無線局免許や無線従事者資格が不要ですが，技術基準適合証明等（技術基準適合証明及び工事設計認証）を受けた適合表示無線設備でなければなりません．

図 **3.5** 技適マーク

3.3.1 関連する電波法

（無線局の開設）第 4 条

無線局を開設しようとする者は，総務大臣の免許を受けなければならない．ただし，次の各号に掲げる無線局については，この限りでない．

1. 発射する電波が著しく微弱な無線局で総務省令で定めるもの

2. 26.9 メガヘルツから 27.2 メガヘルツまでの周波数の電波を使用し，かつ，空中線電力が 0.5 ワット以下である無線局のうち総務省令で定めるものであつて，第 38 条の 7 第 1 項（第 38 条の 31 第 4 項において準用する場合を含む.），第 38 条の 26（第 39 条の 31 第 6 項において準用する場合を含む.）又は第 38 条の 35 の規定により表示が付されている無線設備（第 38 条の 23 第 1 項（第 38 条の 29，第 38 条の 31 第 4 項及び第 6 項並びに第 38 条の 38 において準用する場合を含む.）の規定により表示が付されていないものとみなされたものを除く．以下「適合表示無線設備」という.）のみを使用するもの
3. 空中線電力が 1 ワット以下である無線局のうち総務省令で定めるものであつて，次条の規定により指定された呼出符号又は呼出名称を自動的に送信し，又は受徊する機能その他総務省令で定める機能を有することにより他の無線局にその運用を阻害するような混信その他の妨害を与えないように運用することができるもので，かつ，適合表示無線設備のみを使用するもの
4. 第 27 条の 18 第 1 項の登録を受けて開設する無線局（以下「登録局」という.）

施行規則第 6 条

法第 4 条第 1 号に規定する発射する電波が著しく微弱な無線局を次のとおり定める.

1. 当該無線局の無線設備から 3 メートルの距離において，その電界強度（総務大臣が別に告示する試験設備の内部においてのみ使用される無線設備については当該試験設備の外部における電界強度を当該無線設備からの距離に応じて補正して得たものとし，人の生体内に植え込まれた状態又は一時的に留置された状態においてのみ使用される無線設備については当該生体の外部におけるものとする.）が，次の表の上欄の区分に従い，それぞれ同表の下欄に掲げる値以下であるもの
2. 当該無線局の無線設備から 500 メートルの距離において，その電界強度が毎メートル 200 マイクロボルト以下のものであつて，総務大臣が用途並びに電波の型式及び周波数を定めて告示するもの
3. 標準電界発生器，ヘテロダイン周波数計その他の測定用小型発振器

第 39 条

第 40 条の定めるところにより無線設備の操作を行うことができる無線従事者（義務船舶局等の無線設備であつて総務省令で定めるものの操作については，第 48 条の 2 第 1 項の船舶局無線従事者証明を受けている無線従事者．以下この条において同じ．）以外の者は，無線局（アマチュア無線局を除く．以下この条において同じ．）の無線設備の操作の監督を行う者（以下「主任無線従事者」という．）として選任された者であつて第 4 項の規定によりその選任の届出がされたものにより監督を受けなければ，無線局の無線設備の操作（簡易な操作であつて総務省令（※ 3）で定めるものを除く．）を行つてはならない．ただし，船舶又は航空機が航行中であるため無線従事者を補充することができないとき，その他総務省令で定める場合は，この限りでない．

※ 3 施行規則第 33 条第 1 項

法第 39 条第 1 項本文の総務省令で定める簡易な操作は，次のとおりとする．ただし，第 34 条の 2 各号に掲げる無線設備の操作を除く．

1. 法第 4 条第 1 号から第 3 号までに規定する免許を要しない無線局の無線設備の操作

郵政省告示第 894 号

（昭和 59 年 11 月 24 日免許をしない無線局の用途並びに電波の型式及び周波数を定めた告示）昭和 32 年 8 月 3 日の告示第 708 号の改正されたものです．免許を要しない無線局の用途並びに電波の型式及び周波数を定めた告示

1. 用途模型飛行機，模型ボートその他これらに類するものの無線操縦用発振器又はラジオ・マイク（有線式マイクロホンのかわりに使用される無線電話用送信装置をいう．）
2. 電波の型式及び周波数
   - ・電波の型式=AlD，A2D，A3E，FlD，F2D，F3D
   - ・周波数=13.569Mc，27.120Mc，又は 40.68Mc

郵政省告示第 895 号（廃止）

（昭和 59 年 11 月 24 日ラジコン用発振器推奨規格）昭和 59 年 11 月 24 日にラジコン用発振器として規定されていましたが，平成 13 年 3 月に廃止されまし

た．しかし，安全運用の確保のために，一般財団法人日本ラジコン電波安全協会規程として以下の標準規格を定めています．

ラジコン用発振器の標準規格

1. 通信方式は，単向通信方式であること．
2. 送信設備に使用する電波の周波数の許容偏差は，100万分の40以下であること．
3. 発振の方式は，水晶発振方式であること．
4. 偏重の方式は，振幅変調又は周波数変調であること．
5. 周波数偏移は，変調の無いときの搬送波より ± 2 kHz 以内であること．
6. 変調された電波のスペクトラム分布の位絡線波形において，搬送波の周波数から10 kHz 離れた周波数における減衰量は50デシベル以上であること．

3.4 民法

マルチコプターの飛行に関して，気を付けておきたい民法として，「土地所有権（民法207条）」があります．

航空法では，空港周辺の空域，150m以上の空域，人口集中地区の上空では飛行が規制されていますが，これに該当しなければどこでも飛ばしていいというわけではありません．

その最も大きな要因が，以下の土地所有権です．

（土地所有権の範囲）民法**207**条

土地の所有権は，法令の制限内において，その土地の上下に及ぶ．

土地には，地権者や管理者がいますが，その土地の所有権は上空（地下）にも及ぶということです．つまり，他人の私有地の上空を飛行する場合は，その土地の所有者または管理者の許可を得る必要があるということです．これは，土地上空を通過するだけでも適用されますので，注意しましょう．

3.5 道路交通法，河川法

道路交通法（道交法）は第 77 条で「道路において工事若しくは作業をしようとする者」に対して「道路使用許可申請書」を管轄の警察署に提出しなければならないと定めています．道路上や路肩などでドローンの離着陸を行う場合はこのケースに該当するため申請が必要です．また，道路を通行する車両に影響を及ぼすような低空を飛行する場合も同様の許可が必要です．

（道路の使用の許可）道路交通法第 77 条

次の各号のいずれかに該当する者は，それぞれ当該各号に掲げる行為について当該行為に係る場所を管轄する警察署長（以下この節において「所轄警察署長」という．）の許可（当該行為に係る場所が同一の公安委員会の管理に属する二以上の警察署長の管轄にわたるときは，そのいずれかの所轄警察署長の許可．以下この節において同じ．）を受けなければならない．

1. 道路において工事若しくは作業をしようとする者又は当該工事若しくは作業の請負人
2. 道路に石碑，銅像，広告板，アーチその他これらに類する工作物を設けようとする者
3. 場所を移動しないで，道路に露店，屋台店その他これらに類する店を出そうとする者
4. 前各号に掲げるもののほか，道路において祭礼行事をし，又はロケーションをする等一般交通に著しい影響を及ぼすような通行の形態若しくは方法により道路を使用する行為又は道路に人が集まり一般交通に著しい影響を及ぼすような行為で，公安委員会が，その土地の道路又は交通の状況により，道路における危険を防止し，その他交通の安全と円滑を図るため必要と認めて定めたものをしようとする者

道路交通法と同じく，河川に対しても規制があります．河川敷地の占用（河川の土地を排他・独占的に使用すること）等をする場合には河川管理者の許可が必要です．たとえば，河川区域内の土地における土砂等の採取や工作物の新築，改築，除却を行う場合を指しています．河川で飛行させなければならないときには，河川管理者に問い合わせるようにしましょう．

（土地の占用の許可）河川法第 24 条

河川区域内の土地（河川管理者以外の者がその権原に基づき管理する土地を除く.）を占用しようとする者は，国土交通省令で定めるところにより，河川管理者の許可を受けなければならない.

3.6 個人情報保護法

マルチコプターは，空撮用途として広く用いられていますが，このときに注意したいのが「個人情報保護法」です．撮影した映像データをインターネット上に公開することも多くなっています．これについては，総務省が

「ドローンによる撮影映像等のインターネット上での取扱いに係るガイドライン」http://www.soumu.go.jp/main_content/000365842.pdf

を出しています．撮影時に配慮し対処しておかなければならないことが書かれています．プライバシーの侵害でよく言われるものとして，

・特定できる個人
・車のナンバープレート
・洗濯物

があります．撮影時にこれらのものが映り込まないようにすることが重要です．カメラアングルの調整や飛行ルートの変更など対処しながら空撮しましょう．

3.7 無人航空機の飛行を制限する条例

条例とは，地方公共団体が憲法 94 条に基づき自主的に制定する法形式のことです．都道府県によっては，公園や海岸において，無人航空機の飛行を制限する条例が制定されている場合があります．また，その条例の内容は，都道府県・団体によって様々です．無人航空機を飛行させる場所における条例を事前に確認する必要がありますので，十分に注意しましょう．

基本的には，不特定多数の方が利用する施設では，頭上からの落下や接触の危険がありますので，飛行を制限する条例が制定されている場合がほとんどです．

チェック！

□問 3.1 以下の無人航空機を飛行させる際の説明で誤っているものを選べ.

(1) 150m 以上の高さの空域では許可を受ける必要がある.
(2) 空港等の周辺で飛行させる場合は 50m までしか飛行できない.
(3) 人口集中地区の上空では許可を受ける必要がある.
(4) 四方・上部が囲まれた空間で飛行させる場合には許可は不要である.

□問 3.2 以下の無人航空機を飛行させる際の説明で誤っているものを選べ.

(1) 日出から日没までに飛行させること.
(2) 目視（直接肉眼による）範囲内で常時監視して飛行させること.
(3) 祭礼，縁日など多数の人が集まる催し場所の上空では十分に注意し飛行させること.
(4) 無人航空機から物を投下しないこと.

□問 3.3 以下の無人航空機を飛行させる際の説明で誤っているものを選べ.

(1) 関係者であれば 30m の距離を保たなくても良い.
(2) 危険物を輸送してはならない.
(3) モニター監視により常時監視して飛行させること.
(4) 日中に飛行させること.

□問 3.4 以下の小型無人機等飛行禁止法の説明で誤っているものを選べ.

(1) 模型航空機（トイドローン）であればどこを飛行させても良い.
(2) 国会議事堂の周辺での無人航空機の飛行は禁止されている.
(3) この法律の所管は警察庁である.
(4) 原発の周辺も対象空域である.

□問 3.5 以下の電波法に関する説明で誤っているものを選べ.

(1) 無人航空機は電波を使用して操作するものが多い.
(2) 使用する周波数によっては資格が必要である.
(3) 使用する機器は技術基準適合証明を受けていなければならない.
(4) 無線局を開設する者は，国土交通大臣の免許を受けなければならない.

□問 3.6　以下の説明で誤っているものを選べ.

(1) 他人の私有地で許可なく無人航空機を飛行させてはならない.
(2) 道路は離着陸に適しているため自由に使用しても良い.
(3) 撮影時に個人情報が映らないよう飛行ルートを変更した.
(4) 撮影時はプライバシーの侵害にならないように注意して撮影を行う.

第4章

気　象

マルチコプターを安全に飛行させるためには，風や天気の状態を把握することはとても重要です．本章では，風が吹くメカニズムや天気図・天気予報について考えてみましょう．

4.1 風

地球は空気で覆われていますが，この空気の流れが風です．空気にも重さがあり地球の自転や引力の影響を得ています．地表では，空気の重さが圧力としてかかっています．これを気圧（大気圧）と呼んでいます．この圧力の高いところが「高気圧」，低いところが「低気圧」となります．

風は気圧の高いところから低いところに吹くので，高気圧から低気圧に向かって風は吹きます．風（風速）の強さは，気圧の高いところ（高気圧）と，気圧の低いところ（低気圧）の気圧の差に影響しています．気圧の差が大きいと風は強くなり，小さいと風は弱くなります．

また，北半球では，高気圧では時計回りに中心から周辺に風が吹き，低気圧では反時計回りに周辺から中心に向かって回転しながら風が吹いています．南半球では逆になります．

高気圧の場所では，下降気流が発生します．下降気流が空気を地面に押し付けることで，温度が上がり，雲ができにくくなり天気がよくなります．これとは逆に，低気圧の中心付近では上昇気流となります．上昇気流が空気を押し上げ冷やされることにより，水滴や氷の粒になって雲ができます．そのため，天気が悪くなります．

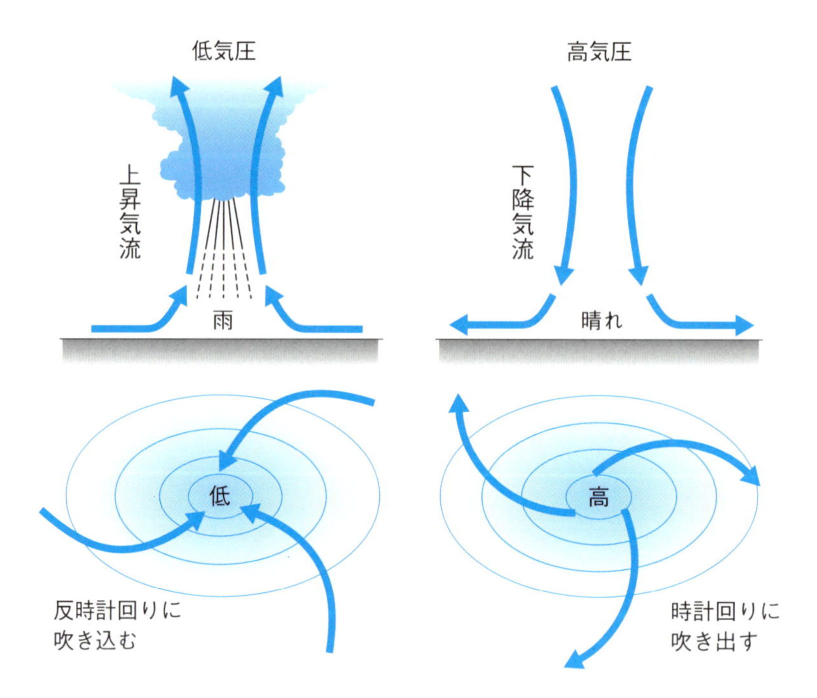

図 **4.1**　高気圧と低気圧と天気

それでは，天気図を見てみましょう．天気図には，等圧線と呼ばれる同じ気圧の地点を結んだ線が書かれています．上の説明からもわかるように，気圧の高いところから低いところへ風が吹くことから，等圧線の間隔が狭いほど風が強まることになります．

4.1.1　ビル風

ビルなどの建物がある場合，風がさえぎられたり集められたりする現象があります．このような建物等で発生する特殊な風をビル風といいます．建物にあたって，上下左右に吹き上げ吹きおろしや渦の風が発生します．また，建物間に風が集まって強風が吹いたりもします．建物近くで飛行させる場合は，このような風があることに十分注意しましょう．

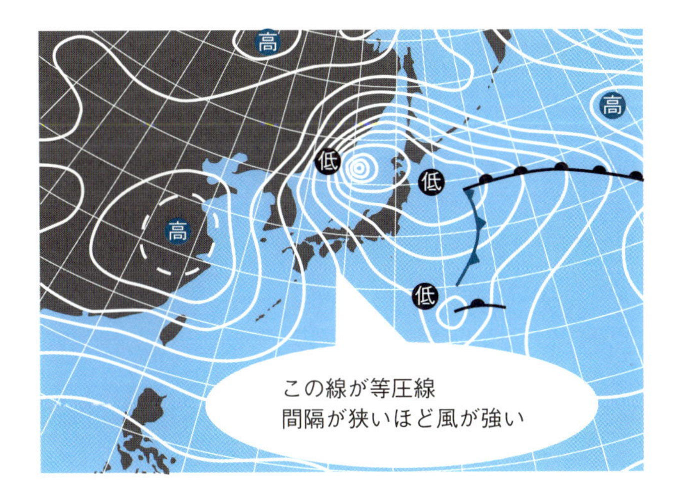

図 **4.2** 天気図と風

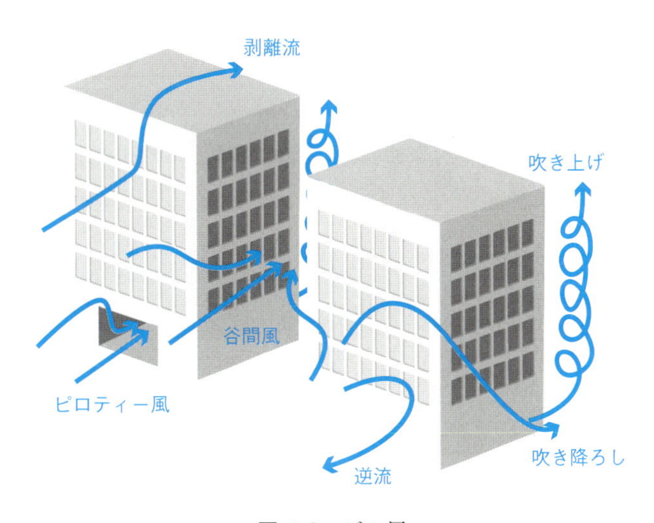

図 **4.3** ビル風

4.2 雲

雲は，小さな水滴や氷の粒でできています．空気には水蒸気が含まれていて，その量は常に変化しています．この水蒸気が含まれている空気が上昇気流によって押し上げられることによって雲が発生することになります．様々な雲の種類について紹介します．

4.2.1　巻雲（けんうん）

空の高いところに現れる雲で，すじ雲とも呼ばれます．繊維状をした離ればなれの雲で，一般には白色で羽毛状，かぎ状，直線状の形になります．秋に代表される雲で，晴天の時に現れていることが多い雲です．すぐに天候が崩れることは少ないとされています．

4.2.2　巻積雲（けんせきうん）

巻雲と同様に高い空に現れる雲です．うろこ雲やいわし雲とも呼ばれ，秋に多く見られます．１つ１つの雲の大きさが小さく，太陽の光が透け影ができないという特徴があります．この雲が現れると天気の悪化が近づいていると言われています．

4.2.3　巻層雲（けんそううん）

この雲も空の高いところに現れます．薄い膜のように広がり，太陽光を透過し影ができません．この雲は細かい氷でできているため，暈（かさ）と呼ばれる太陽の周りに太陽光の屈折で虹のような輪を作ることもあります．低気圧が近づくと現れることが多いため天気が崩れてきます．

4.2.4　高積雲（こうせきうん）

ひつじ雲とも呼ばれている少し低い空に点々と浮かぶ雲です．太陽の光をあまり通さないので，雲の下側に影ができ薄暗くなります．この雲が空に増え始めると，次に説明する高層雲となり，雨が降ると言われています．天気が悪くなる前兆と言われています．

4.2.5　高層雲（こうそううん）

灰色の層状の雲で，全天を覆うことが多く，厚い巻層雲に似ています．しかし，太陽光をあまり通さないため，暈（かさ）はでないとされています．この雲が出ると，降水が始まることもあります．さらに，この雲が低く厚くなってくると，後述の乱層雲となり，雨が降り出します．

4.2.6　乱層雲（らんそううん）

この雲は，雨を降らせます．あま雲とも呼ばれています．空全体を覆い，厚さや色にむらが少なく一様で，暗灰色の雲です．太陽を隠してしまい透視できないという特徴があります．もう雨が降ってしまっている状態ですね．

4.2.7 積乱雲（せきらんうん）

この雲も雨を降らせます．入道雲やかみなり雲と呼ばれる雲です．強い上昇気流によって鉛直方向に発達している塔の形をした雲です．この雲の下では，急な大雨，雷，突風が発生します．竜巻が発生したり，雹（ひょう）が降ったりすることもあり，天気は大荒れになります．短時間で大量の雨を降らせ，「集中豪雨」となり大きな被害をもたらすことがあるので十分注意しましょう．

4.2.8 積雲（せきうん）

安定した天気のときに現れる雲です．垂直に発達した離ればなれの厚い雲です．大きな白いわたが青空に浮かんでいるように見えるのでわた雲とも呼ばれています．

4.2.9 層積雲（そうせきうん）

積雲がかたまったり群れをなしているものです．層状，斑状，ロール状となっている雲で白または灰色に見えることが多いです．典型的な曇り空の状態です．

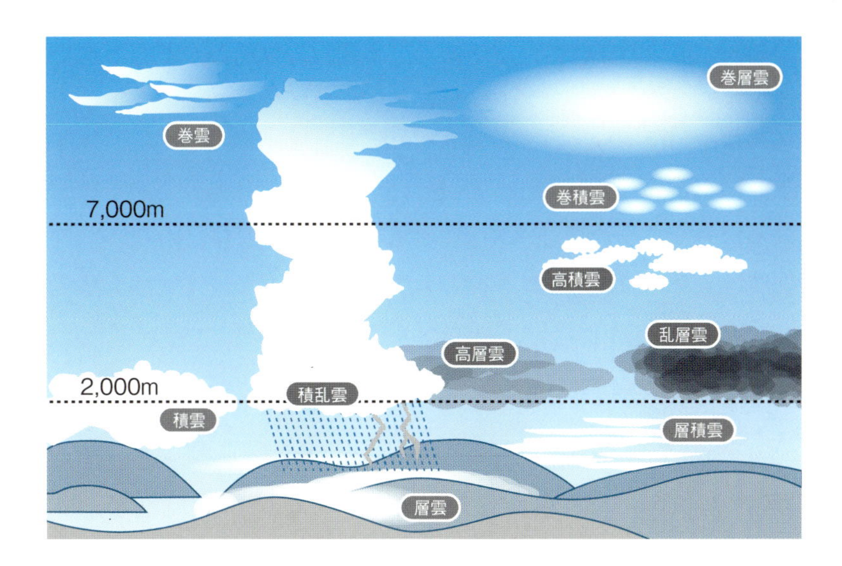

図 **4.4**　雲の種類

4.3 天候の変化

突然襲ってくる豪雨や落雷などの天候の変化には，とくに注意が必要です．夏の暑い日に，夕立ちがやってきて急な雨と雷が降ってくる経験をした人も多いと思います．このような天候の変化は，積乱雲が発達することによって引き起こされてます．積乱雲は，以下の3つの条件が組み合わさって発生します．

1. 湿った空気があること
2. 大気の状態が不安定であること
3. 上昇気流があること

天気予報で，「暖かく湿った空気が流れ込んで来るので，大気が不安定になって雨が降るでしょう」ということを聞いたことがあると思います．このことですね．では，それぞれを見てみましょう．

4.3.1 湿った空気

湿った空気とは，水蒸気を多く含んだ空気のことです．空気中に含むことのできる水蒸気の量は，温度によって決まっています．これは，温度が高いほど多くなります．暖かく湿った空気とは，気温が高く水蒸気を多く含んだ「湿度の高い」空気のことです．

日本は周りが海に囲まれていますので，水蒸気の供給源が多くあります．海から常に大量の水蒸気が蒸発し，大気に供給されているのです．また，日本の太平洋側の地域では，夏に湿度が高くなり，冬に低くなります．これは，夏には，太平洋上に湿った暖かい空気が大量にあり，これが南東からの季節風によって運ばれるためです．一方，日本海側の地域では，冬には，冷たいシベリアからの季節風によって，空気が日本海の上を通り湿った空気となって運ばれてきます．これらの風は，後述の上昇気流の発生にも寄与しています．

4.3.2 大気の状態が不安定

では，大気の状態が不安定とはどういう状態なのでしょう．これは，地上付近に暖かい空気があり，上空に冷たい空気の層がある状態のことです．暖かい空気は上昇し，冷たい空気は下降しようとするため，空気の対流が起き，不安定な状態となるわけです．とくに，地上付近の空気が暖かく湿っている場合，上昇を始めた空気に含まれる水蒸気が飽和状態になり水蒸気の凝固によって雲が発生します．水蒸気が凝固すると熱が放出されるので，温度が高くなってさらに上昇し続けることになります．

4.3.3 上昇気流

地上付近に暖かく湿った空気があり，大気の状態が不安定になると，上昇気流が発生します．この強い上昇気流によって，積乱雲が発生し天候が崩れることになります．この上昇気流は，空気の温度差だけでなく，その発生のメカニズムも様々です．

地形による上昇気流

地上付近の湿った空気が風によって山脈に吹き当たり，強制的に持ち上げられる場合があります．これは，地形性上昇気流と呼ばれます．台風による雨が九州・四国・紀伊半島の山の南東で多くなるのは，太平洋高気圧による暖かく湿った空気が南から運ばれ上昇流となることが原因だと言われています．

温度による上昇気流

下層の空気が高温になりすぎたり，上層の空気が低温になりすぎたときに発生する空気の対流によって起こる上昇気流です．これを対流性上昇気流と呼ばれます．

地表面が太陽によって暖められ，地表面に接している空気も暖められます．暖められた空気は，周囲の空気よりも軽くなるため上昇することになります．地表面は暖まり方が異なります．たとえば，森や草原は暖まりにくく，砂漠やアスファルトは早く暖まるわけです．より高温に暖められた空気は，より早く高く上昇して強い上昇気流となります．

とくに，夏場の都市部が周辺地域よりも気温が高くなる「ヒートアイランド現象」もこの上昇気流の発生源です．ビルやマンションの壁面からの放射，アスファルトからの放熱，自動車やエアコンの放熱など，様々な原因が考えられます．とくに，木や森が少ない都市部は，一度上昇した気温が低下しにくいという特徴もあります．「夕立ち」や「ゲリラ豪雨」はこれによって起こっていると言われています．

前線による上昇気流

前線とは，暖かい空気と冷たい空気が接している境目のことです．暖かい空気が冷たい空気に乗り上げたり（温暖前線），冷たい空気が暖かい空気の下に潜り込んだり（寒冷前線）することで上昇気流が発生します．これは，前線性上昇気流と呼ばれています．

チェック！

□問 4.1 以下の下降気流の説明で誤っているものを選べ.

(1) 高気圧となる.
(2) 低気圧となる.
(3) 相対湿度が低くなり雲ができにくい.
(4) 晴れていて天気は安定する.

□問 4.2 以下の雲の説明で誤っているものを選べ.

(1) 小さな水滴や氷のかけらでできている.
(2) 水蒸気が含まれている空気が上昇気流に乗ることにより発生する.
(3) 無人航空機を飛行させるうえで注意すべき雲は「積雲」である.
(4) 高度によって発生する種類は変わる.

□問 4.3 以下の積乱雲が発達する条件として誤っているものを選べ.

(1) 気温が低い.
(2) 湿った空気がある.
(3) 大気の状態が不安定である.
(4) 強い上昇気流がある.

第5章

飛行・運用

本章では，マルチコプターの飛行方法や運用について説明します．マルチコプターは，様々な場所での活用が期待されていますので，どのような環境で飛行させるのかは状況によって様々です．後述の「第6章　安全な運用のために」も参考に，十分に運用の体制を考えてから飛行させるようにしましょう．

5.1 マルチコプターの基本操作

まずは使用するマルチコプターのマニュアルをしっかり読みましょう．近年のマルチコプターは，容易に飛行させることができるように工夫されていますが，精密機器であることには変わりないので，しっかりその機能を把握することが重要です．以下では，DJI の Phantom4 をベースにマルチコプターの基本操作について見てみましょう．

5.1.1 コントローラー（送信機，プロポ）

図 5.1 は，プロポと呼ばれる操縦用コントローラーです．プロポの代表的な操縦の方法として，モード 1 とモード 2 の 2 種類の違いがあります．図 5.2 のように，左右の操縦スティックの割り当てが違います．違いとしては，スロットル（上昇下降動作）とエレベーター（前後動作）の操作が逆になります．ですので，マルチコプターを飛行させる前に必ずコントローラーのモードを確認す

図 **5.1**　コントローラー（送信機，プロポ）

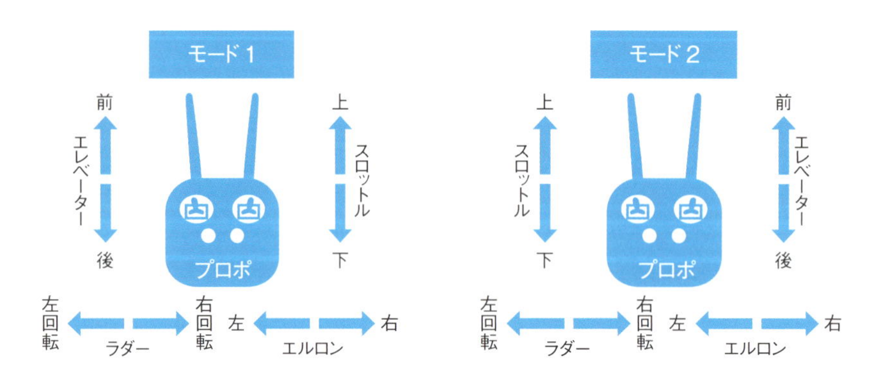

図 **5.2**　モード１とモード２による操作の違い

るようにしてください．イメージとしては，普段日本で右ハンドルの車を左車線で走行する人が海外で左ハンドルで右車線を運転するようなものです．しっかり，操縦の方式を理解してから操作するようにしましょう．

コラム

モード１と２のどちらがいいの？？

結局，どっちのモードがいいのかという議論があります．日本ではラジコン飛行機やヘリの操作がモード１で行われてきた背景があり，モード１で運用する方が多いです（筆者の感覚的にモード1で運用している方が多いです）．一方，国際的にはモード2で運用されていることが多いようで，国際的にはこちらがスタンダードです．

様々な議論があり，いろいろな主張がありますが，筆者はどちらでもよいと思っています．今までラジコンヘリをやったことがある方はモード1で問題ないですし，これから始める方はどちらも試してみて自分がやりやすい方法で操縦すれば良いでしょう．

ほとんどの機体は，モードを選択できるので操作しやすい方法を選んでください．ちなみに筆者はモード2で運用しています．

コラム

モード3と4?

あまり知られていないですが，操縦の方法にはモード3とモード4も存在します．モード3はモード2のスティックが左右逆になったものです．同様にモード4はモード1のスティックが逆なのです．左利き用に用意されているらしいのですが，筆者はこれを用いている人を見たことはありません．筆者も左利きですが用いていません！興味のある方は試してみてはいかがでしょうか？

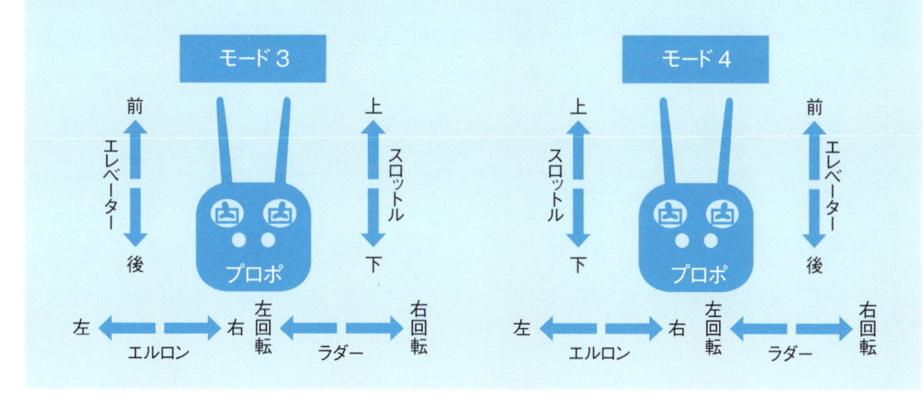

5.1.2 電源

まずは，マルチコプターとコントローラーの電源をONにする必要があります．電源を入れる順番は，コントローラー，マルチコプター本体の順で入れるようにしてください．コントローラーから先に入れることで，操縦用の電波が先に発信されるので，機体が誤動作することを防ぐことができます．Phantom

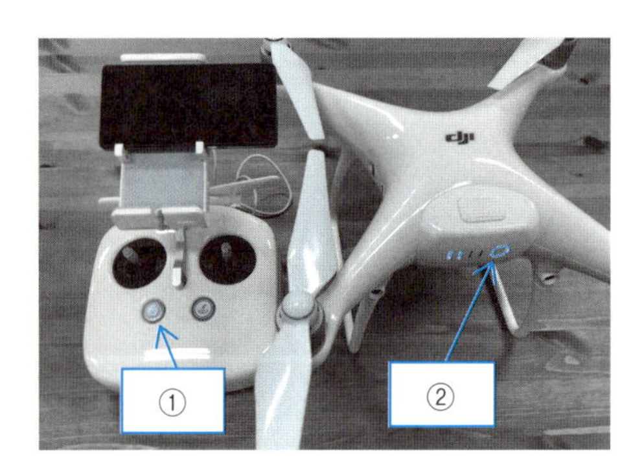

図 **5.3**　電源投入

などの最近のマルチコプターは，どちらから電源を入れても問題ないように作られていますが，他のマルチコプターを飛行させる場合もありますので順番を守るようにしましょう．

また，バッテリーの状況の確認も必要です．マルチコプターで使われているリポバッテリーは，中の溶媒が揮発してしまうことで膨張することがあります．この膨らんだ状態は，発火する可能性がありとても危険です．膨らんでしまったバッテリーは処分して，新しいバッテリーを使用するようにしましょう．

コラム

バッテリーの処理は！？

リポバッテリーは，劣化に伴って電解質が酸化しガスが発生し，膨らむ場合があります．バッテリパックは，一般的に密閉されており外部にガスが漏れることはないのですが，衝撃等で漏れると発火の危険があります．ですので，早めに処分する必要があります．しかしながら，充電状態のバッテリーですので，とてもエネルギーがたまった状態にありそのまま処分することができません．

放電させるために，リポバッテリーを塩水につける方法があります．水1リットルに対して塩大さじ3杯ほどを入れた塩水にリポバッテリーを浸すと泡がボコボコ出ながら放電をさせることができます．ここで注意ですが，水が少ないとバッテリーが露出してしまい発火する危険性があります．バッテリーに対して十分な水の量があることを確認してください（全体が隠れるようにしましょう）．熱が発生するので，耐熱性のある容器を用いましょう．また，ガスが発生するので，屋外の十分に風通しの良いところで行いましょう．処理が終わったバッテリーの処分方法は自治体によって異なるので，管轄の自治体に確認を取ってみましょう．

リチウムイオンバッテリーはリサイクル可能ですので，バッテリーの販売者に問い合わせれば廃棄方法を教えてもらえます．詳しくは，小型充電池のリサイクルを行なっている団体であるJBRCのホームページ（https://www.jbrc.com/project/）で確認してください．

5.1.3 キャリブレーション

電源投入後は，キャリブレーションと呼ばれるセンサー等の調整を行いましょう．常に行う必要はない項目もありますが，搭載する機器が変更された場合やメンテナンス後にはキャリブレーションを行う必要があります．

とくに，コンパス（地磁気センサ）のキャリブレーションは，飛行場所を変更する場合には毎回行うことが推奨されています．コンパスがずれていると機体の安定性が悪くなってしまうからです．一般的には，機体をくるくる回転させて行う作業となります．

5.1.4 離陸

それでは，飛行させましょう．まずは離陸する必要があります．通常のマルチコプターには，アーム（ARM，アーミング）と呼ばれるローターの始動動作があります．これは，スティックを誤動作させても始動できなくするためのロック機能です．

Phantom4の場合は，スティックを逆八の字に入れる（左スティックを右下，右スティックを左下に倒す）と始動させることができます．ここで，スティッ

図 **5.4**　アーミング

クを元に戻し，スロットルを上げれば機体をホバリングさせることかできます．なお，離陸させる場合は，機体にエラーが出ていないことやGPSの補足状態を確認して行いましょう．

5.1.5　移動

2.1節で説明したように，スロットル操作で機体を上昇下降移動，エルロン操作で左右移動（ローリング），エレベータ操作で前後移動（ピッチング）を行うことができます．それぞれ，操縦スティックを傾けることで操作することか可能です．それぞれの入力の大きさに対してどのくらい移動するのかはわかりませんので，初めは少しずつ入力を加えて移動させるようにしましょう．練習を十分に行って飛行に慣れる必要があります．

5.1.6　着陸

スロットルを下げることによって，着陸を行います．2.3節で説明したように，急激な下降を行うと，吹きおろしなどの影響により揚力が減少するボルテックス・リング・ステートが起こる危険性があります．風向きに注意して下降させましょう．着陸後は，ローターの回転がちゃんと止まっていることを確認して電源を止めます．

5.1.7　RTH機能

マルチコプターによっては，RTH（Return To Home）と呼ばれる自動で元の位置に帰還する機能が備わっているものがあります．Phantom4にも搭載さ

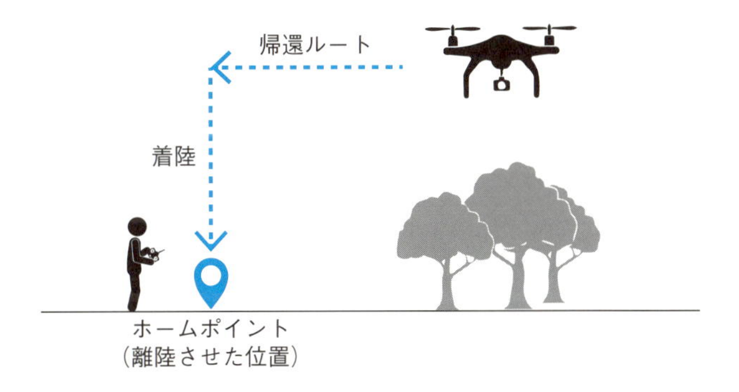

図 **5.5**　RTH 機能

れている機能です．離陸時の位置（ホームポイント）を保存しておいて帰還するので，GPS がしっかり捕捉できているか，確認しましょう．

RTH 機能はあくまでも緊急時に自動で帰還させるものです．機体をまったく見ず RTH 機能を起動させて，建物や操縦者にぶつかってしまうなどの事故が起こっています．常に機体を見ておくなどの対策が必要です．

5.1.8　フェイルセーフ機能

マルチコプターによっては，フェイルセーフ機能が備わっているものがあります．フェイルセーフ機能とは，誤操作・誤動作による障害が発生した場合でも常に安全側に働くものをいいます．これは装置が「必ず故障する」ということを前提にした考えでシステム構築を行う手法です．

上記の RTH 機能もその 1 つです．操縦用の通信が途絶えたときやバッテリーが少なくなったときに RTH 機能を用いて安全に運用することが可能となります．ただし，安全側に働くフェイルセーフ機能も正しく扱えなければ逆に危険な場面に遭遇することもあります．離陸地点（ホームポイント）周辺に障害物がある場合や GPS が十分に補足できていない場合は，他の事故を招くことがありますので十分に注意しましょう．

5.2 マルチコプターの点検・整備

マルチコプターの状態について日常的に確認することはとても重要です．飛行時のトラブルを未然に防ぐためにも，飛行前と飛行後に機体の点検を行ってください．以下では，巻末の付録に掲載している国土交通省が作成した飛行マニュアルに基づき，基本的な事項のみを紹介します．常に安全を意識して，点検のための事項をリスト化して運用するようにしましょう．

5.2.1　飛行前の点検

マルチコプターの飛行前には，以下の項目について機体の点検を行いましょう．

各機器は確実に取り付けられているか

マルチコプターは多くの機器で構成されています．とくに，フライトコントローラーは，その中に多くのセンサーを搭載しています．これらが機体に固定されていない場合，安定した飛行を行うことができなくなります．また，プロペラが確実に取り付けられておらず，飛行中に脱落してしまうことも考えられます．さらに，空撮を行う場合などカメラなどの搭載する機器が飛行中に脱落することも考えられます．けがの原因にもなりますので，しっかりと点検を行いましょう．

モーターの異音はないか

モーターが確実に動かないと墜落等の事故を招きます．飛行機などの点検でも動力の確認が念入りに行われています．モーターの異常に早く気づくことができれば事故の発生を防ぐことができます．常に音を確認して，異音が出た場合は交換するなどの整備を行いましょう．

また，モーターは消耗品です．長年使っていると劣化して出力が出にくくなる場合もあります．定期的に新しいものに交換することも重要です．

プロペラに傷やゆがみはないか

こちらもモーターと同様に動力の部分となります．プロペラは少し欠けていても飛行することが可能ですので，異常に気付かず飛行させて破損する場合があります．モーターの異音と同様に回転時の異音や傷等のチェックを行いましょう．

バッテリーの充電量は十分か

事故の原因として「バッテリー切れ」が上位にあります．飛行前に充電量が十分か今一度確認するようにしましょう．満充電にしておいたとしても日数が経過するとバッテリーの量も減ってしまいます．飛行前に充電することも重要です.

5.2.2 飛行後の点検

飛行前の点検と同様なチェックも必要ですが，飛行後は以下の点について点検しましょう.

モーターやバッテリーの異常な発熱はないか

飛行させた後に特にチェックしてほしいのが発熱です．モーターやバッテリーの効率が悪くなると，その影響が熱となって出てきます．また，異物等がモーターに混入した場合も発熱の原因となります．通常よりも発熱している時には，細かく機体整備を行う必要があります.

機体にゴミ等の付着はないか

飛行時にゴミやホコリ等が機体に付着することがあります．砂などがモーターに入り込んだり，フレームや配線材にゴミが付着して表面が劣化したりと破損の原因となります．また，泥などが付着したままにしておくと，傷などの劣化に気付かない場合も考えられます．飛行後にはふき取るなどの整備を行いきれいな状態を保ちましょう.

ネジのゆるみはないか

飛行時は，ローターの回転によって機体に振動が起こっています．機械部品は，振動にとても弱く，どれだけ強く締めていてもネジが緩んでくることがあります．飛行後だけでなく，常にゆるみはチェックしたい項目です.

5.2.3 定期点検・整備

マルチコプターについては，上記の内容についてさらに定期点検する必要があります．国土交通省のマニュアルにおいても，20 時間の飛行毎に以下の事項についてマルチコプターの点検を実施するように推奨されています.

- 交換の必要な部品はあるか.
- ネジのゆるみはないか.
- プロペラに傷やゆがみはないか.
- フレームのゆがみがないか.

また，点検・整備を行った記録も重要です．定期点検・整備を行った際には，点検・整備を実施した人が実施記録を作成するようにしましょう．

5.3 飛行訓練

マルチコプターの操縦に慣れるためにも飛行訓練が重要です．国土交通省では，以下の内容の操作が容易にできるようになるまで10時間以上の操縦練習を実施することを推奨しています．

5.3.1 基本的な操縦技量の習得

基本的な操縦の技量を習得するために，以下の項目について訓練を行いましょう．なお，操縦練習の際には，十分な経験を有する者の監督の下に行うものとします．また，訓練場所は許可等が不要な場所又は訓練のために許可等を受けた場所で行いましょう．

離着陸

- 操縦者から3m離れた位置で，3mの高さまで離陸し，指定の範囲内に着陸すること．
- この飛行を5回連続して安定して行うことができること．

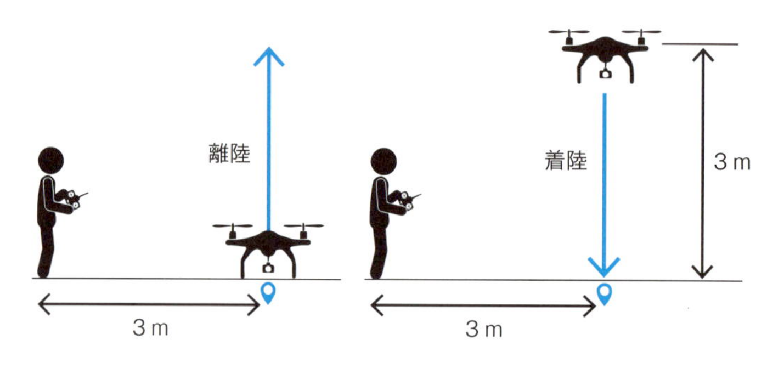

図 **5.6**　訓練：離着陸

ホバリング

- 飛行させる者の目線の高さにおいて，一定時間の間，ホバリングにより指定された範囲内（半径 1m の範囲内）にとどまることができること．

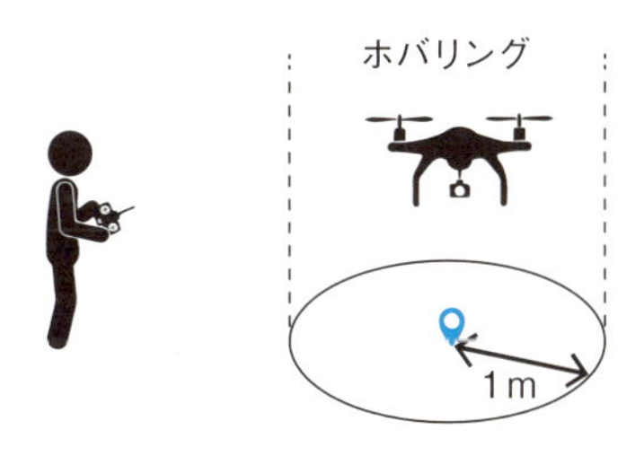

図 **5.7**　訓練：ホバリング

前後移動・左右移動

- 指定された離陸地点から，前後方向に 20m 離れた着陸地点に移動し，着陸することができること．
- 指定された離陸地点から，左右方向に 20m 離れた着陸地点に移動し，着陸することができること．
- 各移動の飛行を 5 回連続して安定して行うことができること．

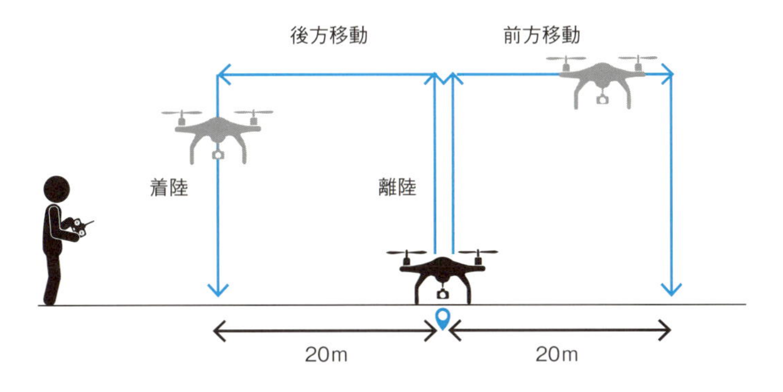

図 **5.8**　訓練：前後移動（左右移動）

水平面内での飛行

- 一定の高さを維持したまま，指定されたポイント間を順番に移動することができること（たとえば4点のポイントを設けて四角に移動する）．
- この飛行を5回連続して安定して行うことができること．

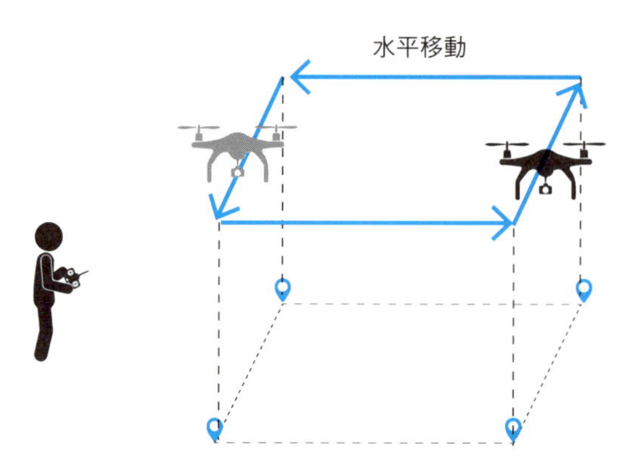

図 **5.9**　訓練：水平面内での飛行

5.3.2　業務を実施するために必要な操縦技量の習得

基礎的な操縦技量を習得したうえで，以下の内容の操作が可能となるよう操縦練習を実施しましょう．

対面飛行

- 対面飛行により，左右方向の移動，前後方向の移動，水平面内での飛行を円滑に実施できるようにすること．

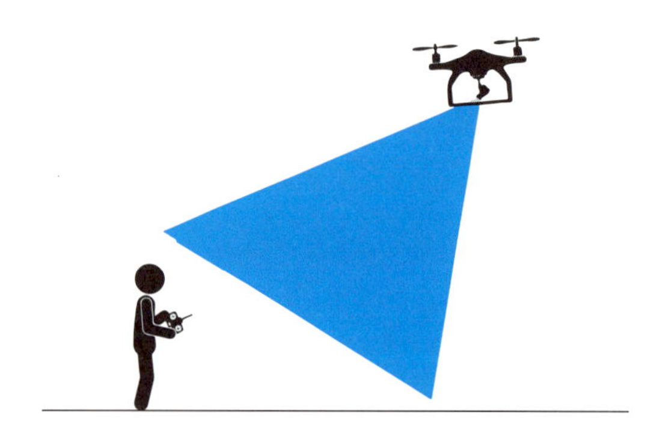

図 **5.10**　訓練：対面飛行

飛行の組合せ

- 操縦者から 10m 離れた地点で，水平飛行と上昇・下降を組み合わせて飛行を 5 回連続して安定して行うことができること．

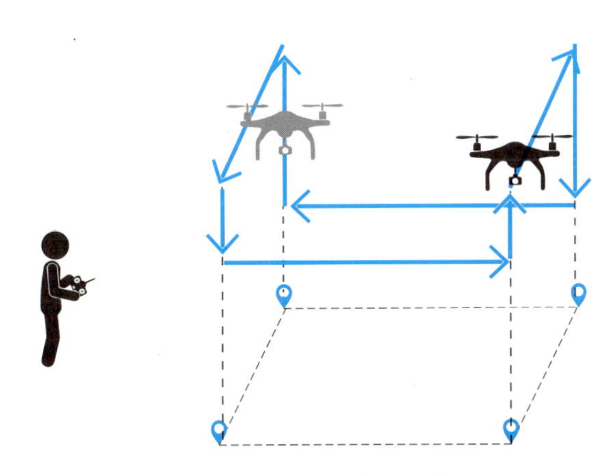

図 **5.11**　訓練：飛行の組合せ

8 の字飛行

- 8 の字飛行を 5 回連続して安定して行うことができること．

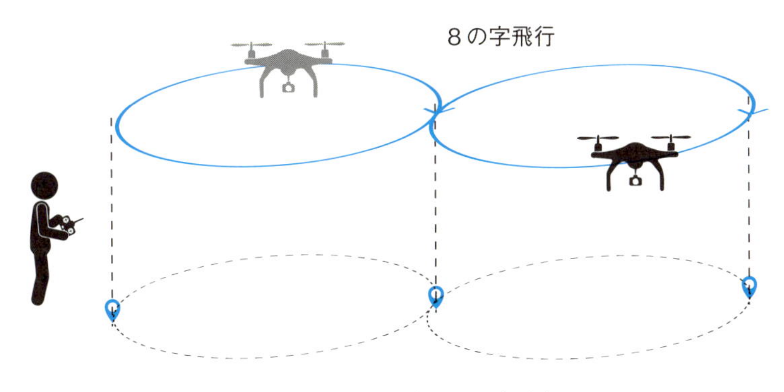

図 **5.12**　訓練：8 の字飛行

5.3.3 特別な条件下での操縦技量の習得

夜間や目視外での飛行や物件を投下する場合は，上記の操縦技量を積んだうえで操縦訓練が必要です．

- 夜間においても操作が安定して行えるよう，訓練のために許可等を受けた場所又は屋内にて練習を行うこと．
- 目視外飛行においても操作が安定して行えるよう，訓練のために許可等を受けた場所又は屋内にて練習を行うこと．
- 物件投下の前後で安定した機体の姿勢制御が行えるよう，また，5回以上の物件投下の実績を積むため，訓練のために許可等を受けた場所又は屋内にて練習を行うこと．

5.4 禁止事項

マルチコプターを飛行させるために，操縦者は以下の事項を厳守しなければなりません．

5.4.1 飛行方法や場所に関する禁止事項

1. 第三者に対する危害を防止するため，第三者の上空で飛行させてはならない．
2. 人に向かってマルチコプターを飛行させてはならない．
3. 多数の者が集合する場所の上空を飛行することが判明した場合には，即時に飛行を中止しなければならない．
4. 不必要な低空飛行，高調音を発する飛行，急降下など，他人に迷惑を及ぼすような飛行をしてはならない．
5. 機体の能力および飛行制限を超えた飛行をしてはならない．
6. 着陸時は，マルチコプターから半径5m以内に人を近づけてはならない．
7. 高度150mを超えて飛行させてはならない．
8. 目視可能範囲を超えて飛行させてはならない．
9. 物件のつり下げや曳航を行なってはならない．
10. 以下の飛行禁止区域では，飛行させてはならない．
    - 航空法に制空された領域（空港上空，施設上空および周辺）

- 飛行場およびその近郊
- 市街地およびその近郊
- 高速道路や鉄道の上空
- 高圧線や受発電施設などの上空
- 人口密度が 1 平方 km あたり 4,000 人以上の「人口集中地区」上空

11. 航空機や他の無人航空機の飛行を確認した場合，着陸させるなど接近または衝突を回避させなければならない．

5.4.2 気象条件に関する禁止事項

1. 飛行前に，気象の状況及び飛行経路について，安全に飛行できる状態であることを確認しなければならない．
2. 地上で風速 5m/s 以上の場合，状況を見て飛行を中止しなければならない．
3. 許可なく日の出前や日没後は，飛行させてはいけない．
4. 降雨や降雪時および霧により視界が悪い時は，飛行させてはならない．
5. 十分な視程が確保できない雲や霧の中では飛行させてはならない．

5.4.3 電波に関する禁止事項

1. 送信機の改造や与えられた周波数以外の電波を使用してはならない．
2. 技術基準適合証明書（技適マーク）のない無線機は使ってはならない．
3. 周波数の確認を行わず，送信機の電源スイッチを入れてはならない．同一周波数の電波が発射されていないかを確認すること．
4. 電波障害が起きる可能性がある場所で飛行をしないこと．
   - 高圧線／発電所の近く
   - 農薬散布など，他の無人ヘリが運航している周辺
   - 業務，アマチュアなど，電波を発射するアンテナの近く
   - 防災無線施設の近く

5.4.4 その他

1. 長時間操縦をしてはならない．
2. 疲れた時や病気の時，服薬中は操縦をしてはならない．
3. 飲酒の影響により，無人航空機を正常に飛行させることができないおそれがある間は飛行させてはならない．
4. 下駄やサンダル履きなど作業に不都合な服装でしてはいけない．

5. 無人航空機の飛行の安全を確保するため，製造事業者が定める取扱説明書に従い，定期的に機体の点検・整備を行うとともに，点検・整備記録を作成する．
6. 無人航空機を飛行させる際は，次に掲げる飛行に関する事項を記録する．
    - 飛行年月日
    - 無人航空機を飛行させる者の氏名
    - 無人航空機の名称
    - 飛行の概要（飛行目的及び内容）
    - 離陸場所及び離陸時刻
    - 着陸場所及び着陸時刻
    - 飛行時間
    - 無人航空機の飛行の安全に影響のあった事項（ヒヤリ・ハット等）
7. 飛行の際には，無人航空機を飛行させる者は許可書又は承認書の原本又は写しを携行する．

5.4.5　運用体制

マルチコプターを飛行・運用させるための体制についても，しっかりと整えておく必要があります．ここで重要なポイントは，マルチコプターを飛行させる操縦者だけでなく，一緒に作業を行う「補助者」を配置することです．複数人で運用することが基本ですので，一緒に作業する「操縦者」と「補助者」との情報共有にも気を使いましょう．その上で，以下の体制を構築してください．

基本的な体制

1. 飛行させる際には，安全を確保するために必要な人数の補助者を配置し，相互に安全確認を行う体制をとる．
2. 補助者は，飛行範囲に第三者が立ち入らないよう注意喚起を行う．
3. 補助者は，飛行経路全体を見渡せる位置において，無人航空機の飛行状況及び周囲の気象状況の変化等を常に監視し，操縦者が安全に飛行させることができるよう必要な助言を行う．
4. 飛行場所付近の人又は物件への影響をあらかじめ現地で確認・評価し，補助員の増員，事前周知，物件管理者等との調整を行う．
5. 人又は物件との距離が30m以上確保できる離発着場所及び周辺の第三者の立ち入りを制限できる範囲で飛行経路を選定する．

人又は家屋の密集している地域の上空における飛行又は地上又は水上の人又は物件との間に 30m の距離を保てない飛行を行う際の体制

1. 飛行させる無人航空機について，プロペラガードを装備して飛行させる．装備できない場合は，第三者が飛行経路下に入らないように監視及び注意喚起をする補助者を必ず配置し，万が一第三者が飛行経路下に接近又は進入した場合は操縦者に適切に助言を行い，飛行を中止する等適切な安全措置をとる．
2. 無人航空機の飛行について，補助者が周囲に周知を行う．

夜間飛行を行う際の体制

1. 夜間飛行においては，目視外飛行は実施せず，機体の向きを視認できる灯火が装備された機体を使用し，機体の灯火が容易に認識できる範囲内での飛行に限定する．
2. 飛行高度と同じ距離の半径の範囲内に第三者が存在しない状況でのみ飛行を実施する．
3. 操縦者は，夜間飛行の訓練を修了した者に限る．
4. 補助者についても，飛行させている無人航空機の特性を十分理解させておくこと．
5. 夜間の離発着場所において車のヘッドライトや撮影用照明機材等で機体離発着場所に十分な照明を確保する．

目視外飛行を行う際の体制

1. 飛行の前には，飛行ルート下に第三者がいないことを確認し，双眼鏡等を有する補助者のもと，目視外飛行を実施する．
2. 操縦者は，目視外飛行の訓練を修了した者に限る．
3. 補助者についても，飛行させている無人航空機の特性を十分理解させておくこと．

危険物の輸送を行う際又は物件投下を行う際の体制

1. 補助者を適切に配置し飛行させる．
2. 危険物の輸送の場合，危険物の取扱いは，関連法令等に基づき安全に行う．
3. 物件投下の場合，操縦者は，物件投下の訓練を修了した者に限る．

5.4.6　連絡体制

1. あらかじめ，飛行の場所を管轄する警察署，消防署等の連絡先を調べておく．
2. 無人航空機の飛行による人の死傷，第三者の物件の損傷，飛行時における機体の紛失又は航空機との衝突若しくは接近事案が発生した場合には，必要に応じて直ちに警察署，消防署，その他必要な機関等へ連絡するとともに，許可等を行った国土交通省航空局安全部運航安全課，地方航空局保安部運用課又は空港事務所まで報告する．

5.5 飛行申請

マルチコプター等の無人航空機を，飛行禁止区域で飛行させる場合や夜間飛行や目視外飛行等の方法により飛行させる場合は，事前に所定の窓口に申請書を提出し，国土交通大臣による許可または承認を受ける必要があります．

国土交通省のHP（http://www.mlit.go.jp/koku/koku_fr10_000042.html）では，申請書は飛行開始予定日の少なくとも10開庁日前までに，申請内容に応じて，地方航空局又は空港事務所あてに不備等がない状態で提出して頂く必要がありますと書かれています．実際，申請がとても込み合っていることから，手続きには時間を要します．飛行させることがわかり次第，余裕をもって申請するようにしましょう．

5.5.1　申請方法

オンライン申請または郵送により申請をすることができます．

オンライン申請の場合

平成30年4月より，ドローン情報基盤システム（Drone/UAS Information Platform System, DIPS）でのオンライン申請ができるようになりました．ドローン情報基盤システムでは申請書をブラウザ上で作成し，インターネットを通じてオンラインで提出することができます．操作はすべてWebブラウザ上で実施するため，特別なソフトウェアは必要ありません．申請書の記載事項や必要な添付書類の他，飛行開始予定日の少なくとも10開庁日前までに不備等がない状態で提出する等の申請に関する条件は，書面での申請と同様です．

オンラインサービス専用 URL：https://www.dips.mlit.go.jp/

オンライン申請の場合は，24 時間 365 日いつでも申請書の提出が可能，申請書の内容を自動チェックしてもらえる，過去に許可・承認を受けた申請書を再利用して簡単に申請書を作成することができるなどのメリットがあります．

郵送による場合

平成 30 年 8 月現在，以下の窓口に申請書を郵送することによって申請することが可能です．無人航空機の飛行に関する許可・承認申請書（様式）を国土交通省のホームページ（http://www.mlit.go.jp/koku/koku_fr10_000042.html）からダウンロードして申請を行ってください．

飛行を行おうとする場所が新潟県，長野県，静岡県以東の場合

東京航空局
〒 102-0074
東京都千代田区九段南 1-1-15 九段第 2 合同庁舎
東京航空局保安部運用課 無人航空機審査担当あて

飛行を行おうとする場所が富山県，岐阜県，愛知県以西の場合

大阪航空局
〒 540-8559
大阪府大阪市中央区大手前 4-1-76 大阪合同庁舎第 4 号館
大阪航空局保安部運用課 無人航空機審査担当あて

チェック！

□問 5.1　以下の説明で誤っているものを選べ．

(1) 電源を入れる順番は 1 プロポ，2 本体の順番で入れる．
(2) 極端に膨らんだバッテリーは使用を控える．
(3) 搭載する機器が変更された場合は機体のキャリブレーションを行う．
(4) キャリブレーションはモーターの初期化作業である．

□問 5.2　以下の説明で誤っているものを選べ．

(1) フェイルセーフ機能があるので安心して遠くまで飛行させて良い．
(2) 機種によっては自動で元の位置に帰還する機能が搭載されている．
(3) 自動帰還（RTH）により建物や操縦者にぶつかる事故が起こっている．
(4) 着陸後はローターの回転がちゃんと止まっていることを確認する．

□問 5.3　以下の点検に関する説明で誤っているものを選べ．

(1) 飛行前は各機器が確実に取り付けられているか点検を行う．
(2) モーターは消耗品なので常に異音がないかを点検する．
(3) プロペラの 1 枚が少し曲がっていたが問題なく離陸したのでそのまま使用した．
(4) モーターやバッテリーの異常な発熱はないか点検を行う．

□問 5.4　以下の点検に関する説明で誤っているものを選べ．

(1) フレームのゆがみはないか定期的に点検を行う．
(2) 国交省では5時間以上の操縦練習を実施することを推奨している．
(3) 機械の部品は振動に弱いためネジの緩みなどチェックする．
(4) 飛行後はゴミや汚れを拭き取るなどの整備を行う．

第6章

安全な運用のために

これまでに，マルチコプターの基本的な飛行・運用方法について学んできました．本章では，マルチコプターの運用をさらに安全なものにするための事項について紹介します．このこと以外にも気を付けることはたくさんありますので，飛行させるメンバーみんなで安全について話し合うなどの対策を行ってもらえればと思います．

6.1 飛行前の安全確認

機体の飛行前点検は当然のことですが，作業を行う予定の操縦者や補助者の情報共有がとても重要です．作業内容について，その実施要領を十分に確認してください．また，作業中に想定される様々なリスクについて，事前に検討を行い，不測の事態が発生した場合の取るべき措置について情報共有をしておきましょう．

6.1.1 確認事項

1. 作業者全員（操縦者，補助者）でマルチコプターの飛行区域，飛行ルート，障害物の位置を確認しましょう．
2. 作業者全員で作業手順の確認や役割分担を行いましょう．
3. 作業中に想定されるリスクについて，全員で情報共有しましょう（危険予知活動).

4. 作業中の服装にも注意が必要です．操縦者や補助者は保護メガネをしましょう．場合によっては，ヘルメットを着用しましょう．
5. 操縦者は飛行全般の責任者となります．機体が整備されているか，気象等の状況を見て飛行ができるかどうか総合的に判断することが求められます．安全第一で考え，不安が残る場合はそれが解消されるまで作業を行わない決断が必要です．
6. 1.4節の「無人航空機に係る事故等の一覧（国土交通省に報告のあったもの)」にはこれまでに起こった事故の情報があります．事故の状況だけでなく原因分析や改善策等がありますので，これらの事故の経験を安全対策に活かしましょう．

図 **6.1**　安全第一

コラム

危険予知活動（KY活動）

人は誰でもミスをしてしまいます．このようなヒューマンエラーは，事故や災害の原因となります．とくに慣れた作業中に多く見られる現象です．

このようなヒューマンエラーによって引き起こされる事故をも防止するためには，作業を始める前に「作業中に想定される危険」を作業者全員で話し合い，「この事項は特に気を付けないと危ない」という危険のポイントについて情報共有を行います．さらに，その危険に対する対策を決め，行動目標を設定して，作業者一人一人が安全を先取りして確認していく活動が危険予知活動です．

マルチコプターの運用には危険がつきものですので，ぜひ KY 活動を実践しましょう．

6.2 飛行中の安全確認

飛行中は作業者全員でマルチコプターの飛行の状態を監視しましょう．飛行体そのものの動きに注目しがちですが，操縦者は機体のセンサー情報や音，周囲の状況を確認しながら飛行させなければなりません．補助者も，第三者が飛行区域に侵入しないようにしたり，操縦者が気づかない情報を声掛けしたりする必要があります．飛行中は，マルチコプターの大きな音がしているので，大きな声で伝えたり，トランシーバーを用いたりしましょう．

図 **6.2**　補助者の安全確認

6.2.1　確認事項

1. 操縦者は全体を把握するとともに，正確な操縦を行う必要があります．時々刻々と変化する風等の気象情報，周辺の構造物や樹木に接触しないように十分注意してください．
2. 操縦者は，マルチコプターの飛行位置を常に把握しておいてください．また，不測の事態が発生した場合はすぐに緊急行動が取れるように飛行させてください.

3. 操縦者は，プロペラが破損するなど飛行ができない状態に陥った場合でも，常に冷静でいられるようにしてください．パニックになってはいけません． 地面に激突するまで諦めてはいけません.
4. 落としてはいけないと無理な操作をしてしまい，第三者に接触させてしまうなどのさらに悪い結果となってしまう場合があります．マルチコプターや航空機等の飛行体は不具合があれば落ちるものです．無人機は人が乗っておりませんので，落ちても装置が壊れるだけです．安全のために故意に墜落させることも考えておきましょう．人に怪我を負わせるより機体がただ壊れる方がよりよい行動だと思います．筆者が製作しているマルチコプターは，スイッチ１つですべてのローターの回転を止めれるように作られています.
5. 少しでも気になることがあった場合は，速やかに報告しましょう．飛行時の音から気づくことが多いので，操縦者だけでなく補助者も注意して監視しましょう.

図 **6.3**　墜落させるのも安全対策

6.3 飛行後の安全確認

飛行後も安全確認が必要です．作業は無事に帰還着陸させ電源を落とすまで続きます．無事着陸しても，機体の電源を切断するまでは，気を緩めてはいけません．モーターが再始動して手を切ったりします．

また，作業後には，作業者全員で作業内容について振り返りましょう．ヒヤリハット（大な災害や事故には至らないものの，直結してもおかしくない一歩手前の事例の発見）の事例を共有しておき，次からの作業に反映させるようにしましょう．

6.4 事故時の対応

様々な安全対策をしておいても，マルチコプターは墜落するものです．事故時の対応も考えておきましょう．基本的には車を運転している際に起こる事故と対応は一緒です．

6.4.1　ケガ人の救護

まずは，負傷者への対応です．人命を第一に優先させましょう．ケガの状況に応じて救急車を呼んだり応急処置をしたり適切な対応が求められます．

操縦者や補助者が事故に巻き込まれることもありますので，すぐに連絡をとれるように非常時の連絡体制を整えておくことも重要です．

6.4.2　二次災害の防止

建物や器物を壊してしまった場合は，その損害を確認し対処しましょう．とくに，二次災害を防止するためにも，マルチコプターや損壊した破片等に近づかないように誘導しましょう．とくに，バッテリーには気を付けましょう．墜落から時間が経ってから発熱や発火する場合があります．まずは，マルチコプターからバッテリーを取り外し，しばらく様子を見ましょう．火災等，必要に応じて消防や警察にも連絡を入れましょう．

6.4.3　連絡・報告

対物・人身事故の場合は必ず警察へ連絡しましょう．また，国土交通省，空港事務所への報告も必要です．さらに，敷地の管理者や保険会社への連絡も必要になると思います．

6.5 ヒヤリハット・事故の事例

筆者は，これまでにたくさんのマルチコプターを学生とともに製作してきました．そしてそのほとんどを操縦しています．これまで経験したヒヤリハットの事例や墜落事故の事例を紹介します．

6.5.1 機体を見失う

マルチコプターの空撮実験の際に，操縦者が機体を見失ってしまい墜落させてしまったことがあります．操縦者の話では，機体が前進と後退のどちらに傾いているのかがわからなかったようです．このとき，補助者も見ていましたが，みるみるうちに小さくなってしまい遠近感がわからなくなって墜落させることになりました．機体のフレームに色を付けて向きがわかるようにするなど対策が必要です．その後，2時間以上の捜索の末，機体を発見・回収することができました．

図 6.4　事故機と回収の様子（森で発見）

6.5.2 機体が急上昇

こちらも操縦ミスが招いた墜落事故の事例です．マルチコプターのスロットルを急激に操作してしまい，急上昇してしまいました．異なるマルチコプターの機体の操縦と同様に行ったことが原因でした．機体が異なれば，操縦の間隔もまったく違うものになりますので，十分に練習をして飛ばすようにしましょう．

この事例の時は，どこかに飛んで行ってしまわないようにするために，ローターの回転をすべて停止させて墜落させました．我々の製作するマルチコプターには，すべてこの機能を搭載して，いつでも機体を停止できるようにしています．

6.5.3 前後移動が逆

こちらは，プロポの設定ミスが招いたヒヤリハットの事例です．気づかずに飛行させて，飛行中に気づいたそうです．幸いにも，操縦により，そのまま降下させることができました．

自作する場合は，このような設定ミスがつきものです．前回と同じ設定だからといって同じ動きをするとは限りませんので十分に注意しましょう．とくに，プロポは使いまわすので，設定が反映されていないことがあります．

6.5.4 フェイルセーフ機能による誤動作

バッテリー不足等で墜落しないように，バッテリーの残量が少なくなるとRTH機能（飛行開始点に戻ってくる）が働くようになっている場合があります．この事例では，フェイルセーフ機能が思ったよりも早く動作してしまったことから起こりました．上空に障害物がある状況下で，フェイルセーフ機能が発動して，障害物と接触してしまいました．事前にフェイルセーフ機能について十分に把握していないと，事故を防ぐ機能が事故を招いてしまう恐れがあります．

6.5.5 プロペラが逆

よくあるミスです．プロペラを逆につけたり，ローターの回転が逆になっていたりします．この状態で飛行させると，離陸せずにひっくり返ることが多いです．Phantom等，プロペラの向きを間違わないように工夫されているものもありますが，チェックリストを作成する等，事前確認を十分にするようにしましょう．

このような事例はたくさんありますので，皆さんも情報を収集して，事故のない安全な運用を行いましょう．

図 **6.5**　プロペラ取付部（Phantom 4）

チェック！

□問 6.1　以下の飛行前の安全確認についての説明で誤っているものを選べ.

(1) 作業を行う予定の操縦者や補助者の情報共有がとても重要である.
(2) 作業中に想定される様々なリスクについて事前に検討を行う.
(3) 操縦者が障害物の場所等を確実に確認すれば補助者は確認しなくて良い.
(4) 作業中に想定されるリスクを全員で情報共有する.

□問 6.2　以下の安全確認の説明で誤っているものを選べ.

(1) 補助者は操縦者の気づかない情報を声掛けしたりする必要がある.
(2) 操縦者は常に冷静でいられるようにしなければならない.
(3) 安全のために故意に墜落させることも考えておく.
(4) 気になることがあったが大したことではないと判断し報告しなかった.

あとがき

“郷土の空の安全を育みたい”という信念で，2018 年 6 月から「ドローン操縦講習」をスタートさせました．2018 年 12 月現在で受講者数は 100 名を超す状況です．

講習を開始して感じることは，既にドローンを所有している方や実際に仕事で使っているという方の中にも，意外に基本の操縦方法や，関連する法律などの存在を知らない方がいるということです．本書や講習で，もっと多くの方に基本知識や操縦方法を伝えなければいけない，そのように実感する毎日です．

自動車同様に，ドローンは便利で夢のあるものです．しかし便利さと裏腹に，使い方を誤れば，そこには危険や不幸が忍び寄ってきます．関連する法律を知り正しく扱っていただくことで郷土の安全を守りたい，これが私どもの理念です．

結びになりましたが，本書出版に際し，共立出版株式会社　清水 隆氏，中川暢子氏，また北九州工業高等専門学校　原田信弘校長，同校滝本研究室のスタッフの方々，数多くの方々にご協力を頂きましたことを，この場を借りて厚く御礼申し上げます．

2018 年 12 月

監修　学校法人　米子自動車学校
理事長　柳谷由里

索　引

Memorandum

Memorandum

Memorandum

Memorandum

Memorandum

【著者】
滝本　隆
2008年　大阪大学大学院基礎工学研究科 博士後期課程修了
2010年　北九州工業高等専門学校 機械工学科　講師
2012年　北九州工業高等専門学校 機械工学科　准教授，博士（工学）
　　　　合同会社 Next Technology 設立　代表
現　在　北九州工業高等専門学校 生産デザイン工学科　准教授

【監修者】
学校法人 米子自動車学校
トリプル・ウィン・コミュニケーション株式会社

無人航空機入門
ドローンと安全な空社会

Introduction to Unmanned Aerial Vehicles: Safe Airspace with Drone

2019年1月30日　初版1刷発行
2019年7月10日　初版2刷発行

著　者　滝本　隆

監修者　学校法人 米子自動車学校
　　　　トリプル・ウィン・コミュニケーション株式会社

発行者　南條光章

発行所　**共立出版株式会社**
　　　　東京都文京区小日向4丁目6番19号
　　　　電話 東京（03）3947–2511番（代表）
　　　　〒112–0006/振替口座 00110–2–57035番
　　　　www.kyoritsu-pub.co.jp

印　刷　藤原印刷株式会社

製　本　協栄製本

一般社団法人
自然科学書協会
会員

検印廃止
NDC 538.6

ISBN 978–4–320–08221–2

Printed in Japan